对话生命

让来去之间的生命更精彩

吴咏怡 编著

武汉大学出版社

WUHAN UNIVERSITY PRESS

企业经验

◇ 吴女士曾长期服务于美国、加拿大等大型跨国公司，担任销售总监、副总裁职务，并曾是全亚洲最大的教练技术培训公司创办人之一，担任西南地区总裁，成功建立加盟系统。她拥有 26 年以上的大型企业管理经验、市场拓展实战经验与 19 年的企业教练经验，培训及教练风格敏锐而具洞察力。

◇ 过去的 19 年里，在中国大陆、香港和台湾地区有超过 10 万人接受过她的培训与教练，专注于企业及团队教练技术的推广，支持众多企业成长，培养了无数优秀教练，同时也作为优秀企业主及企业高管的个人及团队教练。

◇ 她曾接受过温州电视台、河南人民广播电台"教育广播"的"成长心连心"、广州新闻电台"有心人"等媒体的访问，分享她的企业教练生涯及心得。

学术领域

◇ 吴女士被邀请撰写的文章"教练技术在中国（Coaching in China）"，阐述多样化及如何将教练风格和技巧与中国传统文化环境相融合，发表于欧洲教练协会于 2009 年初的《Diversity in Coaching》（《多元化教练技术》）一书中，2013 年 5 月份第二版印刷。

◇ 她的原创著作《加法与减法——让每一个人成为资源》旨在让领导者熟悉 16 个"加减原则"，看清楚企业及团队问题的真相和根源，提升领导能力及管理能力。2009 年 6 月由中国经济出版社出版后，获得了业界人士的一致好评。本书的第二版已于 2013 年 11 月出版。

◇ 她的第二本原创著作《生命不应有边界》于 2012 年 7 月由武汉大学出版社出版，全书是真实案例的缩影，66 篇文章涵盖了团队教练案例、领导力修炼、富二代教育、生死智慧、个人感悟等话题，故事生动，感悟深刻，给人以思考和启迪。目前出版的是她的第三本书《对话生命》，有关生命教育，收录她个人及学员感悟 68 篇。

研发领域

◇ 吴女士潜心研发的教练式领导力计划（Professional Coach Program）简称 PCP，是一个培养专业团队教练、为企业塑造教练型管理者的项目。此计划是中国目前原创教练理论第一个得到全球最大的国际教练联盟（ICF）的教练培训时间的认可（ACSTH）及欧洲最大教练协会（Association For Coaching）的认证。

◇ 吴女士也为香港大学 SPACE 中国商学院设计"企业教练与领导力培育"（Corporate Coaching and Leadership Development，CCLD）研究生文凭课程，该课程目前已于 2014 年在北京、上海开课，她是核心导师及论文督导。

◇ PCP 课程整合了最新的专业教练理论、技巧和实践，其全新理论结合现场案例分析学习方式，启发参加者对个人及团队自我学习的觉醒，洞察自身的盲点和潜能，了解团队中的人的问题，使管理者能够借助教练的力量增强领导力，懂得在适当时候为团队"加"或"减"，使团队更有竞争力。

◇ 基于吴女士丰富的企业教练经验，宏利（香港）邀请吴女士共同研发"八层教练金字塔"（8-level）的原创概念，结合宏利（香港）在其行业中的独特文化，组织了为期 3 个月的实践计划，大大提高了团队的招聘能力、留人能力及

业绩拓展能力，为团队持续发展奠定了稳固的基石。同时，"八层教练金字塔"实践计划亦让宏利（香港）在 2010 年获得欧洲教练协会首次在中国颁发的"中国企业荣誉大使"的奖牌，大力肯定了宏利（香港）对教练技术的推广。

◇ 吴女士结合她 25 年的营销、美加外资企业管理经验以及多年对心理学、性格学的研究心得，融合加减理论，最新研发出"营销性格加减法"、"全球化与跨文化管理"、"冲突管理"等工作坊。客户反应热烈，说通过学习后，懂得了如何有方向地阅读客户的内在需求。

◇ 吴女士于 2010 年发起了"爱·相信"香港非牟利组织，内含"生命智慧"公益服务、"爱的同行"、"爱的写真"、"爱的回归"、"爱的电影"、"生命教练"共六个板块。其中"生命智慧"公益培训目前已在全国各地成功举办 33 期，有超过 110 名助教加入，也吸引了 756 名学员参与。吴女士以"生命教练"的角色致力推动以正面、积极及开放的态度去探讨和认识有关生存、失缺、临终、死亡和哀伤的事实和情感，使大众能对生命有更全面和深入的反思，重寻人生意义；从而更积极地去面对逆境，以及计划更完满的人生。"爱·相信"已于 2014 年在香港成功注册。

教学风格

◇ 以"人"为本的教学风格，从"心"出发，最具品牌实力的现场案例分析，将10多年的跨国企业高层管理经验和中国企业发展与经济现状完满结合。区别于传统导师"授人以鱼"而非"授人以渔"的教学法，更注重学生的实践成果，关注课堂与工作生活应用结合程度，真正负责、高效。留意自己与学生的口碑。

◇ 从"痛"开始的体验，直指内心深处盲点，挖掘潜能，时刻关涉，是客户心目中的"人生导师"。

以下摘取部分学员上课后对吴导风格的体会：

● 生动而不失专业，开放而不失严谨。打动，触痛，顿悟，行动！

● 讲解一门技术性的课程的方式很生动，让人非常容易接受，许多的"共同语言"，深刻感受到导师功力。而案例分析贴近生活，教练目的明确直接，能打破传统的理论教学方式，课堂和谐融洽而不失秩序。

● 和蔼可亲，与学员开放式交流；言语犀利，点拨提醒恰到好处，一语中的，可以作为一辈子的导师。

学员体会

吴老师经验丰富，教练风格有效、友善、生动而且专业，在课堂中能够激发我的思维，让我看到真相。她具有很敏锐的洞察力，看问题总是很精准、到位。

——邓永泉，美国 Epicor 北亚区　高级总监

听过吴导课的人都会对她在课程现场抓案例、并透过现象挖本质的能力佩服不已，每每，吴导都会触动人的灵魂深处，让人看清原本看不到的自己，这使得她的课程散发出独特的魅力，她每上一堂课就会增加众多的粉丝。

——浙江省海宁市学习型企业家协会

在"生命智慧"课程中，当我写下最爱的三个人的名字时，突然明白了亲情对自己是多么重要。吴导的课程让我从一个自我的工作狂，逐渐变成有人情味顾家的男人，在事业上也找回了更多动力。从那天起，把每天当作自己最后一天，珍惜身边人，想到就去做。吴导和"生命智慧"课程令我受益匪浅，真诚推荐大家在这本作品中找回你的力量。

——余明宣，温州益坤电气有限公司 总经理

对待生命的方式，决定了生命的品质。用智慧的方式对待生命，使我们得以在相对短暂的旅程中更深地感悟生活的美好、亲情的温暖、爱情的圣洁、友情的可贵。书中无数对话生命的动人故事，等你来翻阅与聆听。

——梁辛，上海奥热电器有限公司 总经理

部分客户

	国内	国外
1	香港大学中国商业学院	世界宣明会
2	复旦大学	摩根大通集团
3	中国人民银行	施耐德电气有限公司
4	中国农业银行	荷兰皇家帝斯曼集团
5	中国平安银行	法国兴业银行
6	中国人寿	康联亚洲有限公司
7	阿里巴巴	西门子（中国）有限公司
8	李宁（中国）体育用品有限公司	佳能（中国）
9	金蝶国际软件集团	恩柏科软件（上海）有限公司
10	韦博国际英语	西安杨森制药有限公司
11	晶华晶晶酒店集团	美国大都会集团
12	天士博（北京）电子技术有限公司	汇丰银行
13	中绿集团	怡和集团
14	苏州生物纳米科技园	宏利人寿保险（国际）有限公司
15	温州益坤电气慈善基金	悦榕控股有限公司
16	深圳国旅新境界	
17	深圳六千馆餐饮管理有限公司	
18	广州市时代地产集团有限公司	
19	广州中盈置业有限公司	
20	华帝股份有限公司	

交流活动

年份	会议	地点
2001	美国芝加哥 ICF 年度教练会议	美国
2002	首届中国教练论坛	中国上海
	澳大利亚布里斯班 ICF 年度教练会议	澳大利亚
	人力资源发展论坛	中国北京
2004	加拿大魁北克省 ICF 年度教练会议	加拿大
2005	美国圣何塞 ICF 年度教练会议	美国
2006	第三届教练培训学校会议	加拿大
2007	美国加州"大师之间的对话"会议	美国
	国际教练与企业社会责任会议	中国北京
2009	教练协会主办的教练论坛	伦敦
2012	ICF 台湾分会年会	中国台湾
2013	哈佛大学医学院"领导力与教练技术"会议	美国
2014	ICF APAC 年度教练会议	韩国
2014	《南华早报》Classified Post 人力资源年会	中国香港

他序 | 打开心扉 对话生命

认识吴咏怡女士已有多年，从 2012 年至今，她在我们学院已参与了"组织与人力资源管理"、"信息战略与企业转型"、"传媒与创意产业管理"、"整合实效管理"多个研究生课程的授课。自 2014 年起，她还参与了"企业教练与领导力培育"（Corporate Coaching and Leadership Development，CCLD）课程的发展。吴女士丰富的企业经验与她十几年如一日的坚持推广、实践教练，造就了她在教练及教练培训领域、尤其在中国地区极高的人气与公信力。这也是我们邀请她"加盟"的重要原因。

吴咏怡是香港大学校友，对港大及港大终身学习的理念非常认同。一些同学在港大上过她的课后，也参与了她在中国推广的"生命智慧"公益课程。她在"生命智慧"公益课堂中，使用了香港大学行为健康教研中心出版的《生命手册》作为教材之一。我非常欣慰地得知，她在"生命智慧"公益培训中，面向全社会，积极推广"善生"的概念，践行"用生命影响生命"的承诺；我亦很开心地看到，参与过公益培训者，在自我学习后，主动以"义工"身份参与这个课程，同时作为这本书的合作者之一，将自己的生命故事分享给更多人，帮助更多人活出更好的人生。

吴咏怡创办、坚持推广"生命智慧"课堂，有着强烈的使命感。作为一位教育者，我们希望"授人以渔"，将那些可以受用终生的知识、技能传授给学生，而更重要的是，把正面的生活态度、价值观传播出去。

　　非常高兴受邀为吴咏怡女士主编的这本书作序，在此希望各位读者在读完一个个生动的生命故事后，打开自己的心扉，与生命来一段真实深入的对话。为自己的生命负责，更好地经营自己的生命，始终走在终生学习的路上。

　　　　　刘宁荣博士，香港大学 SPACE 学院副院长暨中国商业学院总监

总编序 生命是美丽的，而死亡是可爱的

从首次在中国推广"生命智慧"公益培训项目至今，已有近 4 年了。选择此时推出这本作品，一来是为了回溯几年来，我在一次次培训中的心得体会；二来是为了感恩"生命智慧"培训项目在一群志同道合的伙伴们的热心支持下，声响越发越大，影响越来越广。

4 年前，我满怀热忱，希望将"生命智慧"这个对人生无比重要的课程推广到中国大陆时，遭遇到很多的不理解与抗拒。过度追逐成功，鲜少反思生命，避讳谈论死亡的状况，在当时的社会中普遍存在。最初的几次课堂里，每次课程大抵不会超过 10 位学员。虽然一个人的声音微弱，力量有限，但凭着我的坚持，慢慢竟影响了越来越多的人。Barry Manilow（巴瑞·曼尼洛）的歌曲《One Voice》（一个声音）一直激励着我，事实同样验证了歌词中的意义：只要勇敢而坚持地发出内心的声音，一定可以感染到更多人，引起源源不绝的回响。

乔布斯生前获邀在斯坦福大学 2005 年毕业典礼中致辞，当时他刚从鬼门关走过一遭，但他也更清晰地了解，思考死亡的不可避免是免于患得患失的最好方法。他说了这么一句："Death is very likely the single best invention of life"（死亡极其可能是生命一个最好的发明）。对这一观点，我深以为然。生命珍贵而美好，也恰是由于死亡的不可避免。死亡摧枯拉朽，为新生命腾出空间，我们的生命因为有限的长度而显得更有意义。

在"生命智慧"公益培训中，我融入了我所热爱的教练技术。用对话的方式去启发学员更敏感的反思与对生命的认知，用自己的坦诚与分享去感染学员。教练技术有"看人之大"的核心价值，在这个课堂中，学员同样被接受，被尊重，被鼓励找到自己的生命轨迹。这里是一个影响生命的课堂，而不是成功速成班。来这里的目的不是为了改变，而是在充满尊重的氛围中，去寻回力量，找到自己前行的道路。也因为这样，这本作品被命名为《对话生命》。

在此我想感谢学员、助教和义工团队，他们是本书的合作者，是对自己的生命认真、负责任、拥有极高意愿的一群人。在他们的鼓励和帮助下，"生命智慧"课堂才得以发展到今天的规模，引发更多人的参加与思考。他们见证了"生命智慧"课程的发展，在我心中，更是一群令我充满力量的志同道合的好朋友！他们无私地将自己的生命故事、自我内心的无数"对话"分享出来，希望带给读者共鸣、思考与行动的力量。这也是我们最大的心愿。

我还要感谢我的朋友金伯扬先生，从本书的文章策划阶段开始，他就一直给予我很多的支持与宝贵的建议。感谢《对话生命》出版委员会成员孙蓉、高妍、郑丽婷、谭晶美助力推动本书的文章筛选、审核、编辑、沟通的各个流程。感谢各位赞助商伙伴们支持这个公益项目，使之得以长期在中国发扬光大。谢谢大家用各种实际的支持行动去为"生命影响生命"发出支持的声音。

附：

One Voice

Just One Voice,

Singing in the darkness,

All it takes is One Voice,

Singing so they hear what's on your mind,

And when you look around you'll find,

There's more than

One Voice,

Singing in the darkness,

Joining with your One Voice,

Each and every note another octave,

Hands are joined and fears unlocked,

If only,

One Voice,

Would start it on its own,

We need just One Voice,

Facing the unknown,

And that One Voice,

Would never be alone,

It takes that One Voice.

Ba ba ba da da da da,

Ba ba ba ba ba ba da da da,

Ba ba ba ba ba ba,

It takes that one voice.

Just One Voice,

Singing in the darkness,

All it takes is One Voice,

Shout it out and let it ring.

Just One Voice,

It takes that One Voice,

And everyone will sing!

（中文翻译）

一个声音

只是一个声音，

在黑暗中歌唱，

所需要的只是一个声音，

唱出你的心声，让他们听到，

当你环顾四周，你会发现，

不止有一个声音，

在黑暗中歌唱。

在黑暗中歌唱，

融入你的声音，

唱着每一个和音，

手牵手、恐惧随之消散，

如果只要，

一个声音，

就可以开始这一切，

那我们只需要一个声音，

即使面对未知，

这个声音，

将永远不会孤单，

只要一个声音。

吧吧吧哒哒哒哒

吧吧吧吧吧吧哒哒哒

吧吧吧吧吧吧

所需要的只是一个声音。

只需一个声音，

在黑暗中歌唱，

所需要的是一个声音，

大声呐喊，放声歌唱，

只需一个声音，

所需要的只是一个声音，

只要有了这个声音，人人都会大声歌唱。

吴咏怡译

目录

学员感悟

爱的传承

后记 "生命智慧"与"爱·相信"

导师箴言

思考死亡，你准备好了吗？

吴咏怡

　　过去，我一直以为，人过半百才会开始思考"生死"这个沉重的话题，但当我投身"生命智慧"教育后，却发现事实并非如此。课堂中，我首先抛给学生的问题就是："你第一次接触并感受死亡是什么时候？"

　　过去两年的教学经验让我发现，其实很多人很早就感受过"死亡"。有学生曾经因功课、应试的压力想到一死百了，也有很多人因感情的挫折而生起轻生的念头，还有学生对"死亡"的感触则来自丧亲的深刻记忆。在这些经历中，死亡对当事人的影响程度深浅不一，但却甚少有人认真思考过"死亡"的意义。

以终为始　为生命负责

　　2012 年，对我来说是值得纪念的一年，并非因为我从这一年开始投身"生命智慧"公益培训，而是因为 Steve Jobs（史蒂夫·乔布斯）的离开。很多朋友至今仍不住感慨：如此才华横溢、充满人格魅力的一个人，无奈却走得如此匆忙。我想告诉他们：虽然乔布斯走得早，但其实他有生之年很早就思考过死亡，悟出了生命的意义，因此每一天都过得很精彩，尽管早逝，此生却不留遗憾。还记得

2005 年，乔布斯在母校斯坦福大学的演讲，他讲到"生"，讲到大起大伏的事业，还讲到了"死"。乔布斯 17 岁时已经领悟到以终为始，把有生的每天当作最后一天来活，可谓是"大智若愚、求知若渴"，因此他 56 岁的人生比很多活到百岁的人都更精彩，更丰富。他的离开也留给很多人莫大的启示：人生短暂，不要浪费时间去为别人而活。

可是，如此明显的道理，我到了 40 岁方才悟出。于是我买了《死之前要做的 99 件事》这本书，将书中所说的"99 件事"一一付诸实践。从那天起，我拒绝继续沉浸于埋怨和受害的心态中，一路前行，不再彷徨。

请你自问：你是否对自己全然负责？你是否常常疏忽最亲密的家人？你是否经常事后懊恼却从不悔改，你是否习惯性地麻木地活着？你期待一场什么样的人生毕业礼？你希望你的亲人和朋友如何纪念你？你来人世间走一遭究竟为何？你会惊讶地发现，很多人的内心早在盛年时死去，空遗一副皮囊。感受"死亡"的益处，便是经由它去思考死亡，从而获得成长与重生的机会。以终为始，为自己和他人负责地规划自己的余生。

🦋 提前思考　为生命加分

不久前的一天，一位上过"生命智慧"课程的妈妈突然焦急地向我咨询，她十岁的孩子正在经历一些关于死亡的心灵体验：敏感的孩子在听到外婆的玩笑话后，天真地以为自己的淘气会把外婆气死，于是晚上一个人躲在被窝里哭了一宿。小朋友对于死亡没有任何心理准备，他的父亲很焦急，却又不知如何与孩子沟通，于是请他太太来求助于我，希望我能尽快开设一门专门针对青少年的生命智慧课程。我也观察过很多青少年，他们内心无比彷徨，对未来感到迷茫，不知道自己有什么兴趣和梦想。他们中的很多人觉得梦想无比遥远，甚至还没有尝试，就开始认输和放弃。

其实对青少年最好的教育，就是父母的指引。只有当父母不再把死亡当作禁忌，接受死亡是人生必然的终结。"为生命负责、为死亡做好准备"这类话题才能被青少年正确地思考和理解。因此想让青少年早一点学会正视死亡、思考自己的人生意义，做父母的需要首先认识到：死亡作为人生的终点站，并不只是令人恐惧的。当父母领悟到死亡这项"最佳发明"（乔布斯语）的积极意义时，从思考"死"到探讨"生"的概念便可以很自然地被青少年了解和接受，从而也会更早改变他们对死亡的心态。

　　让更多人比我更早发掘自己的人生价值、为自己的人生负责、加分，从而活出更精彩的生命，是我开设生命智慧课程的初衷。开始"生命智慧"公益培训课程后，我很欣慰地看到，在"生命影响生命"的过程中，很多人真正地成长与改变了。他们发现了自己生命的意义，为自己的生命负责，也为下一代树立榜样、传递正确的信念。我坚信：没有人生来就喜爱逃避、麻木不仁，只是经历挫折后，没有得到正确的引导，没有得到及时的调整，因此对生活慢慢失去了热情。所以，对死亡提前思考和领悟，一定可以更好地把握生命的意义，珍惜生命，不断发挥个人价值，创造精彩，为生命加分！

要活得好，先从死亡入手

吴咏怡

当我的同事推荐"生命智慧"工作坊时，常常会听到这样的回应："我还没有准备好面对'死亡'这个主题!"

回应者大部分是20多岁至30多岁的年轻人，我非常理解他们的反应，若是换作当年的我，也会有这种自然的反应。因为，在常人看来，"死亡"这个主题应该是四五十岁以后，人到中年时才会面对的，二三十岁是人生中的黄金时代，是最富有活力的时刻，重点是计划将来，而不是去考虑这个"灰暗"的主题。

❧ 决定如何"等死"

还记得刚大学毕业时，我心想：我应该可以活到50岁。

时间过得真快，2012年我就50岁了，看情况我也许能活到80岁。我妈妈已年过85岁，健康状况尚佳，饮食正常，吃得下，走得稳，头脑也颇为清醒。依据遗传学理论，我可能真有机会活到80岁甚至90岁。

我在40岁时，才对生命有所顿悟，才对生死有所觉醒。那年某天，我和上司闲谈，他说的两句话在我听来非常刺耳。

"我们一出生就是为了'等死'。"

"我们来到这个世界，就是一步步迈向死亡！"

我不认同他的说法，觉得太悲观，很负面，而且不吉利，于是当即和他争论道："如果真是这样，活着又有什么意义？每一天活着无非就是等死而已！"

他不怒反笑，说："是的，就是等死，看你如何'等'，可以懒洋洋、什么都不做地去等，让生命一片空白；也可以在等待的时候精彩、充实地过好每一天，等得丰盛、等得幸福！"

我立刻被他的区分震撼，为他的睿智折服。孔子说："未知生焉知死。""生"和"死"的关系就是那么密切，它们不是两个对立的事件，而是一件事在每个人身上的两个不同时段，"出生"和"入死"是生命旅程中的两极。

从那以后，我开始对"死亡"这个主题产生兴趣，对人生多了反思和觉醒。后来，在书店遇上一本好书：《死前要做的99件事》，买回家后一口气看完，发现自己有很多事情还没有做。活到40岁已成事实，我开始和自己对话："每一天都是生命的最后一天，好好活着，没法追回过去有遗憾的四十年，只能活好现在所拥有的每一天！"

在过去的十年中，每到大年三十晚上，我都会翻开这本书，看看还有什么事情没有做，还有哪些事情没有做够。

🦋 为"死亡"做好准备

2011年2月，我又发现了一本书：《死前会后悔的25件事》，由一名日本医生编写，总结了上千个临终病人袒露的憾事，其中包括：

没做自己想做的事

没有表明自己的真实意愿

没有认清活着的意义

没有留下自己生存过的证据

没有看透生死

没有尽力帮助过别人

没有对深爱的人说"谢谢"

……

看完这本书，我没有很强烈的遗憾感，反而有一种满足感，因为书上提及的很多不做会让人心生悔意的事情我都已经完成，还有些事情也正在进行之中。

上周末参加一个辅导学方面的培训，导师引领学员思考：若你的生命只剩下一个星期，你会做什么？我在静思的过程中，没有太大的触动，不是我不投入课程，而是我在过去十年"等待死亡"的日子里，每天都很努力地去活出精彩，活出生命的使命。

看到一些学员哭得声嘶力竭，甚至悲痛到歇斯底里，我深深体会到他们的内疚感，理解他们因为有太多太多事没有完成，有太多太多关系需要处理，而爆发的悲痛情绪。看来，他们以前并没有为"死亡"做好准备，而是把"死亡"看做对人生的打击，更没有认清和正视我们每天都在"死亡"的路途上这个事实。

🦋 找出"活着"的意义

古希腊哲学家苏格拉底说："要活得好，先从死亡入手！"

在台湾，"生死教育"已经成为中学的必修课之一，学校用正规的教育方式，让新一代了解"死亡"，正视"死亡"，从"死亡"中找出"活着"的意义，从而更加珍惜自己和别人的生命。

我感恩自己提前十年就对死亡产生了"预防意识"或"危机感"，但也后悔这个"先知"能力来得太晚。因此，我希望通过"生命智慧"公益课程让更多人，特别是年轻的一代早些认知死亡并做好准备，为活着的每一天负责任，在等待死亡来临前让生命更加丰盛及精彩，拿出勇气去面对这个看似残酷但却非常重要的主题。

我有一个朋友在 Skype 上的签名是"千金难买早知道，后悔没有特效药"。这句话很棒！也正是"生命智慧"课程想传达的核心观点之一。

真爱一世情

吴咏怡

2013 年对我来说是十分拼搏的一年：穿梭于不同的城市，教授不同的课程，研发不同的主题。我的动力一方面来源于信任我的学员及合作机构，他们愿意倾听并支持我传播自己的教练理念，但另一方面，我清楚地知道自己努力工作的原因是为了忘记那份伤痛，活出他对我的期望！每次有空停下来休息时，他总会出现。但他真的离开了，一个我曾深爱过的人！

🌿 回忆岁月风

每次想起他，我都泪流满面，无法控制！这些泪代表着愧疚、遗憾，但更多的是浓浓的爱的触动，更是感动与感恩。

愧疚什么？愧疚爱得太少，爱得太计较，爱得没有自信，没有珍惜，更没有勇气。2011 年，他希望见我，我拒绝了他。

2012 年 5 月，我们终于决定见面，可是我又一次计较耍脾气，没有如约出现！2012 年 7 月，当我下定决心去见他时，他已人在病榻，不愿意见我，不给我陪同的机会。以致 9 月他突然离世，束手无措的我感到无比彷徨无助！十年了，由相知到恋爱，从分手到想复合，纠结却难以放下，因为我们曾经深爱过，共过患难，一起成长，深知对方在彼此生命中的重要性。如果不是死亡造访，我相信我们仍会纠结下去，然而上帝却用了"死亡"来结束我和他之间的所有可能。

2005 年，为了要去见他，我专注完成第二个研究生论文，见他成为我做功课的动力！同年，我在工作上遇到挫折，我想逃跑，逃到他的国家，他不答应，执意要我留在中国，勇敢去面对，我最终拿出勇气面对，咬紧牙关承担一切！我曾埋怨过他的狠心，但如果没有他的坚定立场，培养不出今天我面对逆境的勇气。

他的出现及离世，带给我过去十年的成长，没有他，也没有今天的我，现在剩下的只有感恩与感谢。

❀ 爱永存心怀

我记忆中关于他的一切回忆都是美好的，就算分手、吵架的片段也是美好的，感谢他留给我一份美好的回忆作礼物！

我每天的努力，都是因为他的一句话：自信的女人，是最有魅力的！从最初的相识到后来的相爱相知，他没有关注我的外在，更关心我是否有自信去创造、去面对！他的叮嘱永远留在我心中，成为我生命的原动力之一！

怀念一个深爱过，但已离世的人，不是负面行为，更不是负能量，而是动力，是珍惜当下的动力。太多人误解和压抑这份真实的情感，其实这份压抑是代表着不敢面对，不敢穿越。过去一年多，每次"生命智慧"公益培训，每次教练、辅导他人面对丧亲、家人、男女间的关系之痛时，他的离世都会浮现在我的脑海中，提醒我去帮助他人，教练他人，支持他人，勇敢去爱，真心去珍惜，不要像我一样，当失去时才去眷恋。

时间不会冲淡这份爱，时间只是让我明白这份爱，珍惜每一刻活着的时光，相信另一份爱会很快出现，去丰盛我的未来，但新的一份爱永远不会代替他的爱，两者并存，令我更懂得爱。

记忆常在，让爱永恒

吴咏怡

无论是抱憾而终，还是寿终正寝，我们终将在某个时刻离开这个世界。不管对于我们深爱的人有多么不舍，也不论对深爱着我们的人抱有什么遗憾，死亡是我们必然要去的终点，它超出我们的掌控，令人心痛不已。

先走的人会留下什么？——遗产？遗产也有用光的时候，况且不是每个人都似李嘉诚，可以给儿孙留下几代的财富。但有一种弥足珍贵的礼物却会永远伴随那些活着的人们——那就是记忆！那些曾经共同创造的美好记忆、那些用心经营的每一个瞬间，历历在目的幸福画面，无时无刻不在心中陪伴着我们，直到我们离开这个世界。这是每个人珍贵而独有的人生财富，所以我常提醒自己和周围的人，在活着的时候多给周围的人留下一些美好的回忆吧！

美好的回忆如何创造？出门前的一个拥抱，睡觉前的一声"晚安"，每天多表达一点你的爱与感恩，每天多一份关心、多一点体贴的想法，多一个支持她/他的行动，多一句"我爱你"或是"我相信你"都会带来莫大的推进力，甚至一个小小的举动都能传递美好与爱。

❡ 回忆是你留给我最珍贵的礼物

还记得父亲的棺木被推入火葬炉时，我没有流眼泪，因为我的记忆里满满都是幸福回忆。那些争执或吵闹的片段早已渐渐模糊，剩下的只有小时候父亲带我们三个孩子到公园散步时的快乐时光。在每次"生命智慧"公益培训中，我和学员分享的也都是他生前与我们在一起的美好片段，以及我对他的感恩之情，特别是父亲去世前躺在病床上对母亲说："原谅我，没有好好照顾过你。"那一刻，这句话触碰到我们心底最柔软的一隅，我的心为之一颤，时间凝固了，父亲给我留下的是原谅与不舍，还有作为儿女应有的担当与责任。

三毛的作品之所以感动读者，是因为她的成名作《撒哈拉沙漠》讲述的是她和去世的丈夫荷西美好、难忘的生活点滴中蕴藏着的刻骨铭心的爱。这些回忆在她淡淡的描述里，依旧透着生活的气息，仿佛爱人还在那里，从未离去。

我想分享两则真人真事，这两个小故事引人落泪，同样也深深打动着我。故事的主人公在丧亲后，美丽的回忆支持他们继续勇敢走下去，续写另一份美丽！

故事一：玛格丽特·麦珂伦（Margaret McCollum）与演员丈夫奥斯瓦德·劳伦斯（Oswald Laurence）在地铁站相遇，"Mind the gap"（小心月台间隙）是他对她说的第一句话。两人因此相识、恋爱、交往、结婚生子，牵手走过 40 个年头。奥斯瓦德年轻时曾有意成为歌手，虽未成功，便他无意间在录音棚录制的一句"Mind the gap"从 20 世纪 50 年代起，开始在伦敦地铁北线播放，提醒无数出出入入的乘客。2007 年他因心血管疾病过世，之后，她常常一个人静静地坐在地铁站月台，一边听他的广播，一边怀念美好的过去。2012 年伦敦地铁站的那句奥斯瓦德版本"Mind the gap"也因为系统升级而被替换。玛格丽特不能接受再次的失去，向一位站台工作人员求助，想取回丈夫生前的这段录音。当伦敦交通局接到通报，听了这则感人的故事后，交通局决定在堤岸站重新换回奥斯瓦德版本的"Mind the gap"。

"我知道就算他走了，只要我想他，我随时都可以去听他的声音。"玛格丽特说。记忆是趟旅程，同时间，我们一起上了列车，却在不同时间下车。然而记忆不曾下车。记忆，永远都在。

故事二：来自俄亥俄州辛辛那提（Cincinnati, Ohio）的男子本·依纳里

（Ben Nunery），于 2009 年与妻子阿里（Ali）结为连理，并在其新家拍摄了一组唯美的婚纱照。两年后，妻子阿里因身患一种罕见的肺癌不幸去世，留下本与女儿奥利维亚（Olivia）相依为命。当本下定决心要卖掉他们曾经共同生活的房子，与女儿开始新的生活时，为了纪念妻子以及重温过去的美好回忆，离开前，他和 3 岁的女儿奥利维亚一起在昔日的家中，在同样的位置摆出同样的造型，再现了他与过世妻子阿里（Ali）的结婚照片。他坦言："我确实经历了一段痛苦的日子，现在也没有完全恢复。但我想传达给大家的是，这并不是一个悲伤痛苦的故事，而是一个充满爱的故事。"

死亡不会隔绝彼此的爱，活着的人可以用不同的方式、做有意义的事去表达心中对逝者的牵挂及回忆。故人不在，美好的记忆却可以永远存活在生者的人心中，这是多么美妙的一件事啊！

🦋 感恩曾经，拥抱记忆

有华人的地方，就经常会听到"节哀顺变"、"时间可以冲淡一切"等安慰的话语来压抑生者对过去的回忆。人们不喜欢听到，甚至忌讳与生者谈及已故之人，觉得谈及死亡是件不愉快、不吉利的事情，这样的"隔离策略"让活着的人只能够在自己的脑海中独自回味。在缺乏表达的情况下，有人会选择自杀等极端行为和爱人"团聚"；有人会患上抑郁症或其他疾病，对世界失去眷恋！

有位学员讲述了他的母亲去世后，作为军人的父亲变得异常脆弱，经常哭，作为企业家的她不知该如何面对，她无法接受父亲的情绪状态，担心他出事。我问她："你父母原来的感情很好吧？"她说："是的，母亲去世前经常跑北京求医，父亲都陪伴左右，也因为他们的恩爱，使我更懂得关心我丈夫！"我提醒她："如果这样，你更要关心你父亲，给他更多的爱及关注，和他多谈母亲生前的点滴，让他感到对你母亲的怀念是被接纳的，让他知道女儿和他一样回忆着老伴，让他感到被理解！"她听取了我的建议，适当地放下工作，陪同父亲，和他一起回忆与母亲共渡的美好时光。后来，父亲果然慢慢离开哀伤，重新适应了新的生活！

因此，亲人离开后，家人和朋友的陪伴是非常重要的。如果你愿意用平和的心态去分享逝者留给我们的美好回忆，去支持活着的人，选择不同的形式去祭奠逝者，那将是对逝者怀念的很好方式，因为记忆是一份永存的爱！

爱不宜迟

吴咏怡

很多人对死亡感到恐惧，甚至仅仅提及就已经感觉不吉利。我却认为死亡本身并不可怕！可怕的是，离开前没有充分准备，没有对周边人有所交代，未能安排好身后事，因而令活着的人不解，无法释然，甚至陷入纷争，这才是最可怕的。

❀ 意外，让爱的人背负责难

两年前，他因为意外突然离去，永远地离开了我，也离开了深爱他的家人。在此之前，他从未想过要提前安排自己的财产。现在两年过去了，替亡者办理的法律手续在他去世后半年已经完成了大半，但至今，他的母亲、兄长与姐姐，仍为财产处理而纠缠不清。生前，他的哥哥与姐姐替他缴了房产税金，但因为他们已有自己的家庭及工作，有责任及压力，于是现如今想把他的两套房产出售；而他母亲却不同意，认为大女儿及长子不念亲情，使家庭产生矛盾。至今母亲拒绝与子女沟通、见面，凡事都通过律师作桥梁。连法国人最为重视的家庭活动——圣诞节，母亲都没有出席，而两个孩子为母亲安排的八十一岁大寿，母亲也没有出席。听到这一切，我感到格外心酸。

母亲被自己的女婿形容为"讨厌的人"、"恶人"！我至今没有见到他的母亲，不想妄加判断。但我知道他和母亲十分亲密，母亲也十分爱他。因此，在探访前，我曾在邮件中询问过可否见她。但他姐姐回答我，上次他的朋友去见他母亲，他的母亲没有邀请两个孩子一起，因此这次，他们也未曾告知他母亲有关我到访一事。突然间，我感到自己变成他们之间冲突的筹码，真的非常心痛。其实老太太也不容易，从50岁开始，她经历了丈夫、男友、最小儿子的死亡，她心中的痛有增无减，其实此刻她正需要感受到家人间的相互包容与理解。一边听他姐姐的诉说，我一边提醒她换位思考，理解她母亲的难处！

面对亲人的突然离世，何必去比较伤痛孰多孰少！他姐姐为了照顾丈夫和两个孩子，放下全职工作，在家专职教钢琴。但自他去世后，两年了，她再没有碰钢琴，她看着家中的钢琴，一脸的悲恸无力。

在两天的相处中，我们不断地谈及他。她拿出一些他去世前后的沟通记录，告诉我在他患忧郁症时，她如何支持他康复，向他公司人力资源了解他的工作状况，向他朋友了解他的生活状况，不断肯定他、教诲他，希望他能走出心中的阴影，走出生命的迷宫！她多么希望在第二次入院治疗结束后，他可以重新生活。可惜命运弄人，当他身体刚刚好转时，却在一次外出晚餐中突然被食物卡住喉咙，因窒息抢救无效而死亡。全家人从此陷入了深深的悲伤。他去世三个月后，她20岁大的儿子突然无法吞咽食物，不能进食，因为他怕吞下后，会像他舅舅一样死去。几个月内，她和丈夫找了不少医生，包括心理医生，想尽办法令孩子康复。我听到这些后一边感到惊讶，一边感叹因一个人意外离世，而给整个家庭带来的连锁反应。家人真的需要更多勇气和耐心去面对亡者已去的事实！

🦋 倾听，让亲人爱有所归

两年前，一切来得那么突然！我用心去听他姐姐讲述当时的一切，心里很难过，陷入深深的内疚与自责：当时我竟没有察觉到他患病，更没有及时给予支持及爱护。能医不自医，当局者迷，后悔莫及。我一直以为失去他是那么的伤痛，可通过这两天和他姐姐的共处，我才发觉自己这份伤痛又算得了什么，他家人所受的伤痛远比我更深。

我此次来到法国本来是为了疗伤，但见到他姐姐之后，我知道他的家人比我伤得更深，更需要陪同、倾听、理解。我随即转换了角色，他姐姐也努力用有限的英语词汇去讲述他的故事，诉说她的伤痛，我们用字典、Google 翻译软件去确保大家表达准确。我们去他的墓地，去他和姐姐哥哥们儿时游玩的河边、教堂，一边漫步，一边分享她和他的成长经历。

两天里我们抛开一切，尽请谈论他，尽情地哭，聊了很久很久。没有忌讳，没有压抑，不用理会他人的看法。很久没有那么开怀地走入回忆，我想她也是如此。两年过去了，这份伤痛，仍然埋藏在我们心底！这两天的相处对她和我来说都非常重要，是治疗内心"失去"的最佳良方。因为我们都对突然失去他而感到失落，因为我们都曾深爱着他。

临别时，她送我上回巴黎的火车，我问她："我们谈了那么多有关他的事，你还可以承受吗？"她感激地看着我说："谢谢！"两天的共处，我们一起同行，一起走入痛苦、面对痛苦、穿越痛苦，一起怀念一个我们爱过的人，这未尝不是一种幸福！

真的希望他的家人从爱出发去化解所有的误解。相信他也没有预料到，他的离去会留下那么多的后遗症，表面看似是"财产"、"金钱"问题，其实只是一份家人对爱的渴求。祝福他的家人，默默为他们祈祷：我很感激他的出现，也同样谢谢他家人的真诚分享及陪同，令我更坚定"爱·相信"所做的一切的意义，为自己及他人的死亡作准备，更有效地计划自己的一生，令自己有一个"完美"的终点，留给他人是美丽的回忆而不是仇恨与纷争。

🦋 爱，让我们勇敢前行

他去世两年后，我终于鼓起勇气来到他的家乡，面对他的家人，在他的墓地前，追思过去，让积蓄了两年的哀思与离愁痛痛快快地抒发，对他说："谢谢你"、"我爱你"、"原谅我"、"我已原谅你"。通过了解他的过去、他的一生，以及他的家庭，我感觉减轻了许多不舍与委屈，而增添了理解与释怀。巴黎的一切一如他在的时候那样亲切而美好，在这个浪漫都市我们留下了太多的温情与默契，但这一切也终将成为往事。"过去"在我的人生中已经完结，一切都无法回头，我只能选择封存起那些美好记忆继续勇敢前行，让怀念在珍惜中变成永恒！

丧亲哀伤期，需要你我他

吴咏怡

🦋 不想谈？抑或是不敢谈？

长久以来，探讨"死亡"对国人而言是种"忌讳"，是沟通的禁区，是避之不及的主题。人来到世上就必然会死，死亡是一生必经的阶段。但为何我们不能坦诚、开放地去面对死亡、探讨死亡以及分享死亡？因为怕死？因为不知道死后会去哪里而心生恐惧？是因为不能接受死亡，特别是意料外、突然间的死亡，不能接受自己或他人生命的结束？不能接受这份"失去"？还是因为"死亡"是不吉祥和痛苦的，所以避之大吉？其实，正是因为这种"忌讳"的价值观，使不少人面对亲人离去，在缺乏理解及接纳的氛围下活得异常痛苦，从而加重了他们活着的压力。

不少丧亲的家属不敢说出自己内心的伤痛以及对逝者的怀念，怕别人不喜欢听，不接受自己，更怕自己成为负面能量的传播者。因此只好撑着，选择在人前扮演一个强者，若无其事地"正常"生活，大声欢笑，甚至安慰旁人"我没事，你们放心！"其实他们正处在哀伤期，极其需要找一些信任的人沟通，或是采用不同的方式去宣泄他们内心对死者的怀念之情、对亲人离去的自责感和内疚感，而不是以"开心果"或"大忙人"的角色去压抑自己的悲痛。我曾在父亲离去后，坚强、专注地投入到工作中，告诉自己这是人生必经阶段，熬过去就没事了。所以，在过渡期我不知不觉地冰封了内心的哀伤情绪。

亲人的离去已被心理学家列为"人类最大压力的来源"。而面对这重大压力，尤其在华人社会，我们选择去逃避这些"禁区"和"不吉利"，不敢去承认、更不敢公开讨论。上个月，我在复旦大学讲授"职业压力"课程时，提问在场50多位，年纪约30至45岁间的成熟职业经理人："你们是否经历过亲人去世？有的请举手。"课堂内的气氛因我的问题突然变得肃静，鸦雀无声，没有任何一个人举手。但我肯定地对自己说："这份沉默已告诉我，答案是'有'，只是没有人敢公开承认。"我们活在一个"不敢面对死亡"的文化中，死去的人或许在离去的时候很痛苦，但活着的亲人却更痛苦，因为他们既不敢讲，也不敢去分享，更谈不上去承认，真的是有苦自知！

🦋 聆听丧亲家属

一个月前回香港，受朋友邀请参加游船河活动时，我们认识了一位六十多岁的退休人士。一个星期前他刚刚办完妻子的葬礼，现在已然开始积极投入社群，参加活动。朋友询问丧礼的情况以表达关心之情，他也兴致勃勃地描绘给我们。因他太太人缘极好，所以有不少人出席丧礼，出殡时热闹顺畅。但之后他的声音开始变得低沉："妻子离去后，我经常失眠，不适应一个人睡。"他还想讲下去，我的朋友却快速地把话题转移到天气、时事等，我看到他的眼神中流露出一丝失望，但也很快投入到新的话题中，积极表现他乐观的一面。我在旁静静观察，感受到他是一个很真实、坦诚的人。于是，我决定待会儿要找机会和他单独沟通，让他有机会表达内心的感受，支持他对太太的怀念之情，成为他的聆听者。

在午餐后，我找了个机会，和他谈起了他和亡妻同甘共苦、四十年的点滴，他为太太抗癌二十年的坚毅自豪，以及太太同事在葬礼上对她的嘉许自豪。我只是边听边点头，时而提问，让他尽情地说，最后我对他讲："你很爱太太啊！"他很开心，并且用力地点点头，就像遇上知音一样。我只是当了一个短暂的聆听者，让他有机会去分享、去表达、去感受他谈论亡妻不是"丑事"，不是"不受欢迎的话题"，让他感受这份"认同心"和"同理心"！

近日，回香港与两个大学同学小聚，大家高谈"退休"，但当我谈及自己为死亡做准备，如立遗嘱、做告别礼等话题时，她们二人的热情迅速降温，没有人愿意回应，我深深地体会到了这份"冷淡"，只好知难而退！转换话题不久后，我问其中一个同学："你母亲最近如何？"她平静地说："她去年就去世了。"我记得读书时，经常到她家玩，她母亲十分亲切，也很健谈，与女儿和她的朋友们打成一片。我同学和她的母亲感情极其深厚，所以她母亲的离去一定使她颇受打击。同学不等我们有什么反应，就接着说："母亲的癌症出现得很突然，短短两三个月，她就去世了，我一直陪伴她走完人生最后的日子，现在有时做梦也会出现当时的情境，每次都想哭。"当她讲到最后一句时，眼睛红红的，泪水在眼里打转。我很想听她继续说下去，也想让她哭出来，勾起她对母亲的回忆以及思念之情。可另一位同学冷冷说了句："我没有这种经历！"一句漠不关心的话语令我们三人停顿了一刻，也令这位失去母亲的同学立刻把真情流露的一面收藏起来，"死亡"话题再度被转开了。

❀ 帮助丧亲家属度过哀伤期

作为丧亲家属的朋友、上司以及同事，要想帮助他们度过丧亲哀伤期，我们需要坦然面对死亡，对死亡有乐观积极的看法。首先，我们要学会接纳"死亡"的必然性，勇敢面对死亡，把死亡当作"正常事"一般，敢于直面沟通、分享这个话题。这样才能给他们足够的安全感，才能引导他们一步一步正视、接受亲人的离去，真正勇敢地活下去。大多数时候，我们的不接受令不少丧亲家属表面上活下去，其实内心已陷入痛苦，不断去逃避、去封锁悲伤，令哀伤期无限延长。

所以，对于我们来说，一定要想方设法去帮助丧亲家属从哀伤中释放自己，活出生命的精彩！

善别 善终 善生

吴咏怡

在中国传统文化中"五福"指的是：第一福"长寿"，第二福"富贵"，第三福"康宁"，第四福"好德"，第五福"善终"。"善终"又称"考终命"福，即是能预先知道自己的死期，临命终时，没有遭到横祸，身体没有病痛，心里没有挂碍和烦恼，安详而且自在地离开人间。这应该是大多数人可以想象的最完满的临终状态了。但今时今日，有多少人在离开前能保持尊严，自主选择，做到真正的"善终"？

❀ 善别时不留遗憾

一位身患癌症的父亲，在长达半年的治疗中，被儿女隐瞒自己的病情；因担心父亲病情恶化，女儿甚至隐瞒和拖延告知爷爷去世的噩耗，使得父亲无法送别至亲，直到医生强烈建议，这位女儿才鼓起勇气，请弟弟向父亲坦白病情及爷爷离世的事实。在听到消息后，这位父亲滴水未进，一言不发，两日后悄然离去。

父亲去世两年，女儿仍无法走出伤痛与自责。在"生命智慧"公益培训分享过程中，她开始质疑自己当时拖延沟通的决定是否正确。可惜世间没有"如果"，有些事情无法重来。对死亡话题的避讳，对死亡思考的缺失，仍用冷酷的事实提醒着，对"死亡"的"无知"可能会令家人不得"善终"。

人生走到尽头，最渴望的仍是无憾此生。然而，对"临终"的自主权，却因为各种各样的原因，不能被当事人所把握，他们得不到最理想的"善终"。

❧ 善终的思考

父母老去，年轻人支撑着家庭运转，因此在家中的地位也变得举足轻重，即便如此，也不应自作主张替他人的人生做决定；同时，永远不要忽略共同面对、相互鼓励后可能存在的转机。对很多老年人来说，终点已经在那里了，他们已经不那么在乎还能走多远，而是希望每一步都走得实实在在，开开心心，受到尊重，拥有知情权、决策权——生命的品质有时更胜于人生的长度。

❧ 将走之人想要什么？

当看到挚爱的人生命走向尽头，我们能做什么？是尽一切可能治疗来挽留生命吗？我们是否了解，急救治疗带来的可能是更大的伤害？

是尽量隐瞒病患实情吗？我们有没有尊重亲人"追求余生生活品质大过追求生命长度"的选择？

是只为暂求心安吗？我们是不是小看了亲人有面对死亡的能力？

在生命即将走到尽头时，还有没有足够的时间坦诚沟通、规划余生、与家人共享天伦；还有没有足够的时间，说出不舍与牵挂，说出托付与爱。送别的脚步能不能慢一点，给双方足够的时间去道谢、道歉、道别、道爱。让将走之人在开启另一段旅程时，可以好好地挥别，洒脱地离开，为活着的人留下最美好的点滴？

面对这位女儿，我没有说她犯了什么错，事情已发生，她第一次面对至亲的离逝，没有这方面的经历及知识，她凭自己的认知做了她认为对的选择！为了支持她的成长及醒觉，我问她："你爸爸的性格是不是很执著？"她说："是的，很多人都说我和爸爸一样固执，容易钻牛角尖！"我说："你爸爸赌气，以他的命去生气，以生气去结束自己的生命，你从他的选择中学习吧，你会更懂得珍惜自己的生命，更明白沟通的重要！"她点头同意："经过父亲的离去及这次的学习，我更明白了自己的性格，会更好地做好准备，更懂得在未来面对亲人的离逝。"

🦋 善生中的成长

失去父母是子女二度成长的机会，这话听来似乎有点残酷。失去至亲后，当我们没有了必须负责、可以求助或试图反抗的对象时，我们还有可能发展除了"哀恸"之外的正向心态吗？我们还有机会"善生"吗？答案是肯定的，我们有能力选择深入认识自己，做出改变，更负责地规划自己的人生。选择主动的心理成长，而不只是被动地承受创伤。逝去的亲人，从现实世界移居到我们的内心世界，余生仍与我们相伴。利用"善生"的机会，我们不但可以修正与亲人的对话，更可以弥补遗憾，向前迈进。

接受死亡是人人必经的阶段，正向地思考死亡，为自己负责。"善生"后的我们，定能更好地为他人负责，做好"善别"和"善终"，成就完满的人生。

活着不难，难在活出意义

吴咏怡

　　曾经在一次课堂上，一名男学员想帮另一位学员认知自己，他说了以下"名言"："和老师斗，不想学；和老板斗，不想混；和老婆斗，不想活。"

　　他的言论当场引起全场哄笑，我除了会心微笑外，还加了一句："和自己斗，不想生！"有学员问："吴导，和老婆斗，已是不想活了，为何和自己斗，是不想生？"我解释道："'活'和'生'的区别在于，'活'只是诸如吃喝玩乐、喜怒哀乐的基本生存能力，而'生'是有关你的生命是否精彩，是否白来过这个世界！"

　　在我看来，首先，拥有生存机会，这称为"活"。只有活着，才谈得上其他。"活"是"生"的前提，"生"是"活"的提升。活是被动的，我们不知道自己可以活多久，但我们却有主动权去选择生活的方式：精彩还是平淡，自私还是负责。和老公老婆斗，势必不会活得舒心：表面看似在和"另一半"斗，很多时候向内发掘，就会发现其实是和自己斗。和自己斗，就是在自虐，那么，活着的意义何在呢？

　　要活着不难，但是否活得有意义、有价值便是另一个层次，另一个境界！

认清活着的意义

一位五十多岁的男企业家近日很纠结，心情极其郁闷。因为他在医院做身体检查时被发现患有心脏血管闭塞，这种病被称为"冠心病"。十多年前，他移民澳洲，最近五六年把经营基地迁回中国大陆。经过数年的耕耘，重建关系网，终于在今年二月，他与公司核心团队制定了五年发展大计，打算整合海外及国内资源和平台，在事业上再次起步，重建雄风。但面对突然的"变化"，他有点措手不及，内心也开始忿忿不平，为何偏偏是这个时候？为何一直以来注重运动也会得这样的病？他迟迟不能接受这个事实，因而在朋友推荐下来参加了我的"情绪领导力"课程。

他说他不知道是否该撤回澳大利亚，安享晚年，以健康为重；还是应该继续他的鸿图大业，他担心因工作过度，自己会突然暴毙。他不停思索，希望为自己未来的人生之路找到方向。

如果你看到他在课堂上积极发言、充满活力、关心其他学员、分享自己企业发展时的憧憬以及核心团队的执行力，那么你也能体会他对这份事业的热情及自信。在众人眼中，他确实是一个有魅力、有感染力的领导。

他说现在他要珍惜生活，活好每一天，所以戒掉了烟，饮食也非常清淡。我问他："珍惜生活"与"珍惜生命"有什么区别？"他有点惊讶，思索了一下，回答道："这是两个不同的境界，'生命'比'生活'高一个层面。"我说："以你的领导魅力，你完全可以通过团队去完成梦想，通过企业使命去激发团队，而不是'非黑即白'。即使回到澳大利亚，一方面你可以调整生活节奏、起居方式，另一方面可以培养和激励团队去完成发展大计。你不是一个只求'活着'的人，完全退出，你会甘心吗？"

他听完我的区分后立刻点头，他分享说每次飞回澳大利亚，第二天就会立刻订回程机票回大陆，简直是归心似箭。而在大陆时，身在悉尼的太太又要三趋四请，他才回悉尼见家人。他很明白他的心在事业上，带领团队达成目标才能令他有满足感与成就感！因此经过我的区分，他认清了："告老还乡"是一个"活着"的选择，只是保住性命，但他不会甘心。因此，他决定不再自我斗争，浪费时间，拖延决策。他承诺一方面，管理好情绪，照顾好自己；另一方面，激励士气，培养人材，在"哀兵必胜"的情绪推动下，和团队合力打造好平台，点燃他的激情，这才是支撑他继续活着的动力。

认清自己对生命的追求很重要，每个人来到世上都有他/她天赋的使命，"生命"是"生存的使命"。看到不少人和自己斗而忘了使命，真的是"白活"，麻木地活着而丢失了生活的意义。

❧ "和自己斗"是在走"减分之路"

一个女企业家和自己斗得死去活来，虽然每天她都活着，但一点也不开心，她自己不开心，她的丈夫兼合作伙伴也不开心，周遭人看到她的处境更是备感惋惜。她知道，一句简单的"对不起"，也是她丈夫苦等十几年的话，便可以令自己与他人更开心，但她死也不说，夫妻关系已经走到同一屋檐下却不开口沟通的地步。念高中的女儿看着妈妈努力去进修、参加不同的培训班，却觉得她只是"白学"："讲多过于做"，知行不一。因为她偏离她生存的使命——成为一个好妈妈、好太太、好老板。她并非不懂，她什么都知道，但就是坚决不改，沉溺在自己创造的痛苦中，他人只能看着她自讨苦吃地活着！

其实，活出存在的意义是为自己生命加分的最好方法，如若我们不愿意正视自己，不停违背自己存在的意义，不断残害自我，那么这是"行尸走肉"般地活着，是减分之路，这样也就违背了我们到这个世界来的意义了。

空门中的生命智慧

吴咏怡

有一位资深导游和我分享他的真实经历：道士与和尚在同一个旅行团出现，他们互相辩论自己信仰的正宗性与有效性，于是导游在不断的调解中度过。当听到他的分享时，我联想到自己也是基督徒，在培训行业中也遇到过神父、修女以及和尚，但却有着不一样的深刻体会，我从他们身上学习到的是坦诚、真实、平和，而不是对立！

❀ 走下神坛

以前，在我眼中，不论哪个宗教，神职人士都是出世的，他们已踏入超然境界，不为外界的物欲所干扰；他们高高在上，遥不可攀，神一般俯视这红尘俗世。这是我对神职人员的一个假设，但经过多次近距离的接触后，我发现这个假设的前提本身就不正确，事实上，他们首先都是人，只是选择的修炼方式与我们不尽相同而已。我们在俗世中修炼，而他们在静心的环境中修炼。所谓殊途而同归，共同的目的都是为了向着内心中美好的"圣地"而前进。

正如在一次培训中，一位女学员见到走进洗手间的我，露出讶异的表情，好像我不应该在这种地方出现。我则调皮地告诉她："我也是一个平常人，和你一样，休息时也要去洗手间解决生理需要！"

是的，导师也是一个人，所以不要神化自己，更不要被神化。我选择融入社群，坦诚地和学员交流，这样才能更好地理解和体会被影响者的状况，才能更有效地帮助他人。

在刚刚完成的海宁第四班"生命智慧"工作坊中，我遇到了一位出家人——海宁荐涌寺监院释学彻。开课前，看到他在认真地填写报名表，我感到有点惊讶，甚至还有一点恐慌。心想："大师也来参加我的公益培训？他应该比我更能感悟到生命的智慧，不是吗？这工作坊能帮助到他吗？"我当时真的有点举止失措，唯有不断告诉自己要镇定，私下和当地筹办人说："你经常给我出难题！"他打趣地说："我相信你可以做好！"培训结束后，我发自内心想感谢他给予我的莫大的挑战与信任！

🦋 为信仰而挑战自我

我硬着头皮如常地开课，进行应有的流程。大师也非常配合，认真参与讨论。第一天下午，在一个练习中，我看到了大师所画的图像，是对过去生命的总结，在图像上有两个低谷期。我鼓起勇气，表面故作淡定却内心忐忑地问他："您出家多久了？这两个低谷代表什么？"他从容、平静地回答说："我二十多岁选择出家，至今已有二十多年的修行经历。第一个低谷是出家前人生的灰暗期，第二个低谷是出家修炼了十多年后，我认为可以挑战一下自己，为自己的信仰多做一些事而接受新的任务，于是从杭州来到海宁接管一个寺庙。"噢，出家人也会自我挑战？"这是我的盲点——中国的佛家，讲究"度己度人"，出家并不只是为了修炼自己，而是为了普渡众生。

大师说："刚到任时，我被庙内的人事关系弄得很失落。经过团队梳理，现在开始走上正轨，心情也一步一步回归到平静。"是的，有人的地方就有人事问题，不要以为寺庙内就没有。面对改变，人会抗拒、会害怕，出家人也不例外。然而，选择如何去应对变化与挑战，却能看出一个人的智慧。助教告诉我，大师来了海宁后，进行了寺庙维修，扩充了规模，现在多了两个寺院，于是香火旺盛、信徒递增，衰落的寺庙也在一步步复兴。事实证明，大师成功了。然而，在他出家人的平静生活中，却并没有忘记人生低谷时的启示，他选择继续努力，把寺庙管理得更好。

❀ 平凡人的修炼

第二天的培训是有关亲人离世。大师联想在世的父母若故去会非常悲痛，他全情投入的情境令我十分佩服。当时心里冒出这样一个念头："师父出家二十多年，六根还未清静，未修成正果？"但自己当即便否定了这一念头，另一种想法浮现心头：大师很真实。父母带我们来到世上，失去他们是人生的一大悲伤。出家人也是人啊！他们只是内心调整能力比我们强、速度比我们快。那是因为他们多年静心修炼，能更快看到事物的真相；但这并不等于他们失去了常人喜、怒、哀、乐的能力。只是我们经常带着"框框"和"假设"去看待这些宗教人士，所以往往一叶障目而不见泰山。其实，他们和我们一样在修炼的路上，也要在生老病死、苦乐忧愁中寻求心灵的平静。作为常人，我们不应该带着有色眼镜去看待他们，不应该神化他们，更不应该把自己做不到的事投影在他们身上！

大师的经历令我想起了今年三月在厦门学习时，课堂上遇到的一位神父和一位修女。他们是资深的神职人员，负责教会管理工作，教友赞助他们的学费。他们来学习的目的是想提高自身管理团队的能力，进而了解团队的成员，调动成员的潜能，从而更好完成任务，包括派人到外地传教、募捐等事务。神父和修女与我分享："我们推动团队去弘扬宗教时，也会遇到成员愿意与不愿意、喜欢与不喜欢、主动与被动的问题。"可见，即使是宗教事务，也要涉及管理的技巧和带领团队的艺术，在处理平凡事务的过程中去发现智慧的火花。非常感谢他们真实的分享，令我更加欣赏神职人士的坦荡！

❀ 生命智慧之禅悟

大师的学习分享如下："通过这几天的学习，我又重新认知了生命无常的变化现象，认识了存在的价值。印象最深的是面对亲人离去时的情境，深深触动了我。让我知道感恩，关心身边所有的人，更重要的是珍惜生命、珍惜未来！"

谢谢大师的真诚分享和全情投入。他以身作则，正视死亡、正视生命。我从他的身上学习到佛学所倡导的"平常心"、"活在当下"。大师不是讲道理给大家听，而是知行合一、身体力行，做给大家看。他用自己的实际行动阐释了什么是"大智慧"！

十八次培训，第十九次感悟

吴咏怡

后天，第十九期"生命智慧"公益培训就要在上海举办了。目前已有43人报名，达到了40人的既定目标，这也是三年前第一次开课迄今，报名人数最多的一期，并且仍有不少人陆续前来咨询，我感到很欣慰。感恩过去三年对死亡的体悟，感激一路陪同的家人、朋友、学员和同事，同时也感谢自己的这份坚持！

记得在2010年10月初，我回香港参加了"同行力量"公益机构的两天课程，期间把自己曾经历过的因三段死亡而带来的创伤，痛痛快快地宣泄了出来，根本没有顾及自己的形象，也未曾留意导师的培训技巧，只是让自己完完全全地沉浸到这样的学习、体会和分享中。

❧ 一次疗伤

一个企业由最初的"1.5个人"（一个全职及一个兼职）发展至700人，成为全球最大的体验式培训公司；我从学员到义工、股东，甚至改变原有的职业轨迹转而加入这家企业，最后成为核心管理团队的一员及导师，直至公司宣布破产，我作为清算代表，处理公司的"后事"。从1995年到2007年，这家企业包含了我12年的情感与 12 年的全身心投入，就像看着一个孩子从出生、成长到死亡，那种感觉是真的很痛，痛得无奈，痛到无声。记得在公司倒闭的两天后，一个由公司培养出来的年轻培训师发短信鼓励我出来创业，他愿意跟随。我回复他："给我点时间，我的孩子才刚刚离世！"虽然我冷静地完成了所有清算工作，勇敢地去面对员工的追讨、客人的索赔以及事业的迷惘，也最终在一些有责任感的同事和专业律师的支持下，一步步走过来了，但内心的痛还是无法释怀。终于在一个晚上，我爆发出压抑已久的情绪，让自己那坚强面具下脆弱的灵魂出来呼吸一下！三年前的那次培训，让我意识到原来企业的破产也是一次死亡，而我的反应恰是在悲伤期，所以也非常正常！培训期间，我走进痛苦，穿越痛苦，直至放下痛苦，让自己更有能力去面对未知的痛苦！真心感谢这次培训课程！

在创业前期，创业者会收到很多人的支持与吹捧，而当面对困境与低谷时，爱他们的家人、朋友却时常劝说："早点关掉吧，休息一下再找份工打，没有什么大不了的！"但是对于那些全心全意投入企业成长的创业者们来说，关门就等于亲手杀掉自己的孩子，并且还要亲眼看着孩子停止呼吸！当然有时候，在某些情况下，对某些人来说，关门是一种更好的、更恰当的选择。但对于创业者来说，公司关闭后，他们需要比以往更多的陪伴及关怀，所以请家人和朋友们包容他们在这段转折期的任何反应：因为他们正在穿越痛苦，处在自我疗伤的过程中！

🦋 二度成长

第二段的死亡经历，源于我的父亲。现在我只依稀记得小时候，黄昏时分他带着姐姐弟弟和我，在公园愉快地玩耍，回家路上我们一起品尝美味的冰冻豆浆时的情景！感谢他和母亲把我们带到了这个世上，品味人生各种各样的精彩。现在，我已经接受了生命终要终结、老人已经离去的事实，而过去这十八场公益培训都是我用来纪念父亲的最好方式。我一直认为公益培训是他送给我最珍贵的礼物，因此我也一直很享受培训中的每分每秒！

🦋 深爱永藏

第三段的死亡经历是他的突然离去。我们之间的最后一通电话是在 2012 年 6

月，那次他对我说正在医院做检查，会休息一个月，没办法陪我。我之后打去的电话都被转入了留言信箱。7月份，我只身飞到巴黎，却如何也寻不见他，我以为他在故意回避，因此独自去了法国和西班牙游玩，心中坚信他一定会在他认为适当的时间出现！直至9月底，我收到他哥哥的邮件，才知他已经离世。震惊和错愕令我说不出一句话来，连续三天无时无刻不在流泪。我完全忘记了自己教练他人面对死亡时的种种知识。于是，我马上回邮件追问。因为我拒绝接受他离开的事实，仍在期待我们之间一切美好的将来！当我焦虑地等待他哥哥的回信时，我突然意识到，他其实比我更痛，他不但失去了弟弟，还要安抚年老的母亲。一周的漫长等待后，我收到了他哥哥的一封长信，详细描述了他离世前的状况。我这才开始内疚、自责：原来自己一直只懂得索取，不懂得付出和关怀。他患病已超过大半载，期间一直隐瞒着我，而迟钝、任性的我，那个只关心"你爱不爱我"和"我在你心中重不重要"的我，却毫无察觉。那一刻，我无比羞愧，但一切已不能挽回！

他的离去，让我更拼命地想过好每一天，我告诉自己：一个人要活出两个人的精彩！

🦋 勇敢出发

由死惜生，三段死亡带给我三次成长，感激上帝的安排，让我体会到生命的意义及真谛！对我而言，"生命智慧"公益培训不只是一个培训，它是一段生命的短暂旅程，让大家（包括我）停下来，打开心扉，翻翻自己心里的仓库，重新认识过去，拥抱过去，放下过去，再重新出发！我享受与更多的人分享、互动、交流的过程，虽然我不能改变他人，但我能不断完善自己，继续在生命影响生命的路上前行，和更多志同道合的路人一起走向生活的精彩，勇敢面对生命的无常！

独处，送给自己的礼物

吴咏怡

有人问我："你总是能带给我们正能量，却很少体会到你有负能量，你是如何做到的？"我说："我只是一个正常人，正常人自然会有负面思维、负面情绪及负面能量。请不要神化我！我喜欢自己是正常人。"

那么，正常人面对负面情绪和负能量时，应该如何处理呢？我要分享的良方妙药是"独处"：给自己足够的时间与空间去充分认知、面对和解决问题。只有先教练好自己，才有能力去教练他人。独处，同时也是善待自己、宠爱自己的有效方法。平日里奔忙于人群和社交网络，有时需要以一种"回避"的方式去认清自己、让自己静下来。

🦋 四种独处方式

我经常使用的独处方式有以下四种：

1. 做运动

由于天赋优势，从小学四年级开始，我已经是校田径队成员，但我并非钟爱运动，只是把"短跑"作为成功的路径而已。而真正懂得把运动作为一种独处的方法时，我才算由衷地爱上并开始享受运动。我喜欢一边运动，一边和内在沟通，了解自己的喜怒哀乐，认清自己想要什么，想去哪里。所以我喜欢游泳、做瑜伽、骑自行车。这些运动有个共同的特征：那就是可以一个人完成，不用找拍档，自己安排运动时间，做运动时也不需要与他人交流。当你静静倾听自己的呼吸声时，全然专注于自己，这种通过自我教练的方式，更能够认清自己内在的负面思维，看清自己的自私、嫉妒、贪婪和自负，这时更容易提醒自己，调整自己，往付出、共赢、大我的方向去行走生命的旅程。

2. 看电影

从 16 岁开始，我就爱上了看电影。写过的影评，曾在《香港明报》的学生栏目中刊登过。电影不仅让我认识世界，了解不同国家与民族的文化、思维方式、行为习惯和风俗，还能了解不同性格的人物与不同的生命历程。电影展示着人生百态：原来人生可以有那么多的选择，它们丰富了我的思维，给予我生命的养料。观赏电影还带领我由"负面思维"转向"正面思维"。我只选择可以激励人、触动心灵的电影，回避观看恐怖片和武打片，因为我的负面情绪可能会被继续推入深渊，或即使短时间内舒缓了负面情绪，却找不出其"根本"所在。

前些日子，因为要做一个非常重要的企业培训，所以压力颇大。培训前一日，同事们提醒我要集中精力，思考培训流程及内容，早点休息。可是一到酒店我就打开电脑，看了一部我期待已久，却迟迟没时间观赏的电影，一部关于爱和丧亲主题的感人影片。我有意识地去转移充满压力的情绪和被干扰的思维，于是一边看、一边哭，哭得很投入，坐在旁边的助理不知所措，因为我完全忽略了她的存在。哭完了，所有的压力都释放了，或者说，都排除了，负面情绪已被满满的爱及生命的动力所替代。我的助理战战兢兢地问我："明天培训如何做？"我答："睡醒再说，哭累了！"第二天我很早起来，能量满满地完成了培训，对培训的成果也非常满意。是的，一个完美的流程是从一个充满自信、乐意付出的思维出发的，更要用一颗感恩之心去听取他人的意见，去调整方式，这样才会充满各种可能性！所以我想说，电影真的是我的减压最佳方法之一！

3. 整理家居

当你的生活居所乱成一团，你的思维也会混乱不堪。因此，整理思绪的一个方法就是收拾家居，把物品整理清爽，将多余的物品搬离，把重要的东西藏妥。我喜欢一边收拾东西，一边思考问题，一边感受家中每件物品的历史。它们代表一段过去、一些人、一些情景，或一段经历，当我发现自己拥有很多很多时，感恩之心油然而生，令我更懂得珍惜现在的一切，包括那些令人不快的事和人。通过整理家居，换位思维的能力也在不知不觉间提高了！

4. 写日记

自青春期开始，我便喜欢以写日记的方式去发泄心中的不快，记下一些不能或不愿与人分享的想法，包括自卑感和挫败感。工作后，有时因为忙碌而暂停了日记，但在人生几次关键时刻，我都是以这方式去宣泄痛苦的负面思维、负面情绪。我知道这些负面想法真实存在，又不希望让它们蔓延开来，所以最好的解决方法就是将它们写出来，而后独自享受，独自品味，独自消化。写作过程帮助我去发现自己，面对自己，这是个有效的自省方法！有时翻看过去的日记，时常为当时的幼稚、无知、小气、愚蠢而感到好笑！

🦋 独处，储备正能量

每个人的独处方式都不一样，选择自己合适的就好！我喜欢动静相宜的独处模式：做运动、收拾家居是动态的；看电影、写日记是静态的！静坐、写书法也都是不错的独处方式，按照自己的状态和喜好去挑选最适合自己的方式！

有人问我："我越独处反而越痛苦，该怎么办？"有时我也有这种体会。独处是一个自我教练的过程，是一个自己发现问题，并自己找到解决方案的过程，是一个痛并快乐着的过程。如果自己真的解不开这些结，意识到自我修炼功力未到，或问题太复杂，抑或是自身经验不足时，你可以找一个不会出卖你，愿意诚实得如同"镜子"的人做你的教练，让他或她告诉你，要如何为这些负面思维负责。

以上是我常用的四种和负面的自己沟通的方法，这些方法一方面帮我转移焦点，另一方面远离烦恼的情绪。给自己一个独处的空间，给自己一个自我教练的时间，自我排毒。你可能会发现一个事实：所有负面情绪和别人没有任何关系，事情是中立的，对中立事情的自我解读是由自己的心态、信念和价值观所掌控的。先处理内在的我，直面自己的脆弱，接纳自己的不足，接纳自己"正常"的一面。当自己愿意为负面情绪负责时，解决问题的方法会自然浮现。

　　和自己共处的时间越多，你越能宠爱自己，越能了解人性，从而更有能力去宠爱他人、支持他人、教练他人！每天忙于处理外面的人与事，也要记得给自己一些时间，让自己慢一些，调整内外的自己，储备更多正面思维和正面情绪，那么，正能量将会随之而来。

慢下来，学习接纳

吴咏怡

我一般会教客户先从"认知"开始学习，提高他们自省、自觉、自决的能力。不少人开始自我认知后，就选择立即行动，用行动证明他们已经认知了真相，认明了与目标之间的差距，认清了自己要改进的地方。这时，我会建议："不要急。"在认知与选择行动前，还有一个关键步骤：选择接纳。接纳什么呢？主要接纳三个方面：

第一，接纳自己的缺点和优点；

第二，接纳自己的过去；

第三，接纳外面的声音。

接纳是一种能力，是开放态度下，拥有认同的能力，它包括欣赏、珍惜、包容、负责等元素；不接纳也是一种能力，是否定态度下，拥有抗拒的能力，包括自卑、自大、自负、不负责任等元素。

有些人十分接纳自己的优点，甚至到了狂妄自大的程度；有些人只接纳自己的缺点却不欣赏、不承认自己的优点，觉得自己很平凡，没有什么了不起，对缺点的敏感甚至到了自卑的地步，所以每个人接纳的内容及程度会因人而异。

🦋 过去，因不接纳，我痛苦

35岁之前，我很少照镜子。因为我觉得自己不够漂亮，我不接受父母赋予自己的独特外貌：总嫌弃自己鼻子太大，皮肤不好，眼睛太小，个子太矮。跟大我一岁的姐姐和小我三岁的弟弟相比，我就像一只丑小鸭，内心非常自卑。那时我太过关注别人的声音。从小听过不绝于耳的对姐姐和弟弟的夸赞，姐姐多才多艺、一双大眼睛水汪汪；弟弟英俊帅气、目光炯炯；而且他俩都比我个头儿高！在没有掌声的成长路上，我只能靠自我鞭策、自我激励。后来，我考入香港最高学府香港大学，却依然摆脱不了自卑感，因为我又遇到一班比我更厉害的学霸。在家人面前我很自负，自视是家中唯一一个考入大学的孩子；而当我回到这群精英同学中，又感觉无比自卑！自己内心创造的痛苦对话令我无比挣扎，因此脸上的暗疮从13岁起一直跟随我至40岁，用了无数昂贵的化妆品和美容治疗也无法解决。

在生活中，因为太多的不接纳，我几乎变了一名怨妇，埋怨自己、埋怨父母、埋怨同事、埋怨上司，埋怨社会。不知不觉中，我成了一个无知的愤青，可能更像一只刺猬。我30多岁时，收到一个比我大五六岁的朋友送给我的生日礼物：一只水晶刺猬。当时很不解为何是这样的礼物？它象征着什么呢？难道在他眼里，我是一只到处刺痛别人的刺猬？我佯装喜欢这份礼物，却渐渐开始与他保持距离，生疏起来。我从心底里不承认我是这种刻薄的人，我自认是一个有梦想、有爱心的人，怎么会是刺猬呢！我觉得他不懂我。但现在回想下，他比当时的我更懂得我。当时的我确实有着十分强烈的自我保护意识，像一只反应敏感的刺猬，听到不喜欢的声音时，我指责、埋怨、拒绝和否定。现在想想，那份礼物真正代表了当时的我！这只水晶刺猬一直被我珍藏，伴随着我生命的轨迹：每次看到它，我都提醒自己要进步。

🦋 现在，我愉悦，因为接纳

刚刚学习教练技术时，感觉就像被一只大锤敲醒，好不懊恼，从开始抱怨外面、抱怨他人一下子变成抱怨自己。于是我开始用很努力、快速的行动去补救失去和浪费掉的时光。因而，我也很快地被赏识、被邀请走入教练技术这个行业。现在回头看，当时做了不少冲动的事情，关注形式多过关注内在，言行不一致，也用了不少"朗朗上口"的"教练术语"去教练他人，却并未真正接纳帮助我成长的声音。现在我才意识到当时的自己只是改变了行为，却没有改变内在。拆了东墙补西墙，由自卑走到自大，甚至自负！

几年后，不少惨痛的教训让我停下来，多和自己对话，多和自己独处，静心区分外界的声音，静心关注自己的情绪反应，对自己坦诚及真实，学习真正往内求、往内看。从认知到接纳，真正以认同、开放的心态去听别人的声音，负责任地去看自己做了什么，而使别人有这样的回应。也开始学着欣赏父母给予我的一切，包容自己的不完美，了解自己的不足，接受自己天生不是娇美的白兔，而是一只努力、晚熟的小龟；接纳自己的成长缓慢，欣赏自己的勤奋，珍惜过去失败与不愉快的经历。因为经历令我成长，增添我的智慧与同情心，令我可以更明白、更理解他人，让我的生命影响生命的工作更有效！

世界没有变，只是我颠覆了自己的思维，颠覆了自己的选择，从不接纳到接纳，在选择行动时更轻松，更愉悦，更积极，更负责任！现在，我的脸上不再长痘，因为我拥有接纳的能力！真的省了不少买护肤品的钱。

当然，我的教练风格，是花时间和客户在认知、接纳的层面沟通，而不会急于推着客户去行动。我见过不少人跳过接纳的部分就去行动，其实内在的否定、抗拒的心态非常强烈时，结果会适得其反，越做越差劲，效果比不行动更糟。慢下来，先做好接纳的步骤，以充满负责任、珍惜、欣赏和包容的态度去行动，会更加事半功倍！

因为自身的经历，我培育企业内部教练或专业认证教练时，会强调先教练好自己，先认清楚自己，先锻炼"接纳自己"的能力，先把基本功练得扎实，不要急于教练他人，这样才会更有效地运用无数的教练工具及技巧，去教练他人，去影响他人。

慢下来去接纳，是为了更有效的行动。

拿得起，也要放得下

吴咏怡

❦ 扔东西就能改变人生？

半年前，在《纽约时报》看过一则故事，一个女人每日扔掉一些东西，几年间她的行为感染了自己的老公，最后二人换了工作、卖了房，改变了整个人生。

扔东西的起因是感到活得太麻木，工作得连呼吸都感困难。因为夫妻俩都是两个专业人士，在大城市过着典型的美式中产生活：消费、签账、购物、按揭……建构起循规蹈矩、愈渐乏味的人生。一日，如往常一般，深夜回家的她打算继续完成那"无穷无尽"的工作。忽然间，她意识到自己周身病痛，对满屋的东西感到异常陌生，耗费心血与积蓄去打造的家荒凉得好似一栋弃宅。殊不知，日久失修的是她自己，经年累月的麻木奔波，她已认不出当年的自己。

于是，她痛下决心，简化自己的生活，从放下不必要的东西开始，扔的扔，卖的卖，送的送。她愈扔愈过瘾，整个人也轻松了不少。她先生由最初的奇怪，到不以为然，到最后的尝试，也随她一起，愈扔愈起劲儿！生活起居，衣食住行，一切都简化了。他们干脆卖车卖楼，辞职搬到小镇生活，租了公寓，开启全新的人生。

现在他们二人做兼职，住在一间小公寓，但快乐却比之前住大屋时增添了许多。平日里自己下厨，出行很少下馆子，四季各只备三套衣物替换，据说袜子也只维持在三至五对。家中家具很少，除了配置基本的木制桌椅以外，电视也没有。因为他们已经不需要这些外物。

闲暇时，她和老公骑单车郊游，做义工，看书，下厨，与朋友相处，细品四季，赏风、赏花、赏云、赏雪，人生从未如此温馨富足。

❀ 简化生活，甩掉包袱

看了这则故事，我有点好奇，这样"扔"东西，体验如何？这种做法有那么大的"改变"威力？我立刻查看一下自己的家，环顾衣柜、书柜以及其他杂物，哗！还真有不少东西是很少用的，或已不用，但仍霸占着我的家居空间。不愿意扔掉它们是因为我经常跟自己说：这些东西日后一定用得到。自己的占有欲不断膨胀，新东西不断加入，旧东西又不舍扔掉，家里越来越拥挤，人的空间越来越少。自己早出晚归工作，却鲜少照顾到家！可以说我和这位美国女士之前一样，很少照顾到自己的私人空间！

其实，一年前我已开始对"简化"生活方式有所认知，当时我发现家里有三个鞋柜却依然不够用，于是我对它们进行了一次盘点，哇！过去的七八年里，我竟然不知不觉购入了五十多双鞋，很难想象原来自己有那么多"资产"。几天后，我和另一个同样重视仪表的女士沟通，我自以为她应该比我拥有更多鞋子。于是我问她家中有多少双鞋，她竟回答道："穿破了一双才买另一双，家中不会多过十双鞋。"我听完后很有罪恶感，因为我的鞋比她多了五六倍，突然觉得自己很"浪费"。我只有一双脚，真需要那么多鞋吗？因此我开始克制自己买新鞋的欲望，同时轮流穿那些旧鞋，提高其"利用率"和"性价比"！

❀ 给物质生活减分

也正因为这篇文章，半年前我就开始坚定地为自己的物质生活减分，把自己倡导的加减理论融入生活中：

1. 每周扔掉一件"无用"的东西。所谓"无用"是品质变坏了或"已经不合时宜"。因为"无用"的东西有限，"每天扔掉东西"的标准未必合适，而每周一次于我而言是恰当有效的节奏。

2. 每"加"一件新东西，就"减"一件旧东西。

3. 把"可用"的旧东西（不仅是鞋）拿出来多用，减少买新东西的欲望。

现在，我购物时更谨慎，消费也更理智。我深深体会到自己已经拥有太多，以往我不断添置新物却仍觉得不够，不断被"时尚"或"创意"牵着走，根本没有考虑过家的空间是否"足够"去承载新的成员，想想确实自私得很，只想着满足自己无止境的贪念。现在除了每周扔掉一件"无用"的东西，我还锻炼自己每月收拾和盘点东西的习惯。盘点的时候，内心会有内疚感，内疚自己过去买了太多太多，却没有做到真正的"物尽其用"，但同时也会有满足感，觉得自己很幸福，可以拥有那么多。这种"清算"的习惯给我的幸福指数加分，埋怨指数减分！

⚜ 认清"需要"，找回生活意义

还有，我每次扔掉"不需要"的东西时，感到心里的负担轻了不少，不用为"它们"找地方，房子的空间感也提高了，自己更愿意多留在家里，享受这"质朴"的氛围。

要维持这种简单的生活其实不难，难的是决心和恒心，去分清和卸下生命中众多的"不需要"，这样才能更清楚哪些是自己真正"需要"，应该真正去"珍惜"的。

其实，我们大可不必等到年尾，日常多盘点，多扫除，为自己的家居及心灵多做净化，找回努力工作背后的生活意义。

爱的天平没有等分

吴咏怡

曾有一个 21 岁的女孩对我说："小时候，我不容许妈妈生第二胎，现在想起来，是颇为自私的。后来想想，如果有个妹妹或弟弟该多好，这样成长的路上有人陪伴，成年后也没有那么大的压力。作为家里的独生女，现在和以后，我都要自己一个人照顾父母。"她的话让我想起了 2010 年在香港的一次"生命教育"课堂上，也见过一位 20 多岁的女生，当时也曾疑惑：这种课程应该是给比较成熟的人学习的，为何这么年轻的孩子也会出现在课堂上？那个女生这样解释："因为我是独生子，知道父母的葬礼将来都得自己打理，还要独自去面对失去父母的伤痛。所以我需要提早学习，提前准备，到时才能有条不紊地安顿他们的后事、有效处理自己心中的哀伤。"是啊，提早学习，真是有智慧的年轻人啊！所谓"凡事预则立，不预则废"，未雨绸缪才能临危不乱，我为能结识这样的年轻人而自豪。

独生子女确实是当今中国社会无法回避的一个问题，由此产生的其他方面的问题亦层出不穷。我很庆幸，在这一生中，父母给了我最珍贵的礼物，除我的生命外，还有姐姐和弟弟！

🦋 给我支持的弟弟

弟弟是一个勤奋且忠于理想的人。他自小就喜欢车，因为喜欢，小学毕业后他就选择上技术学院学习喷车技术。从技术学徒到修车技工，现在成为一个奢侈汽车品牌维修中心的负责人，他从没有离开过这个行业。一年前，他才完成本科学位，47 岁大学毕业。从他身上我学习到"看人之大"，也明白了一切皆有可能。

父亲是在 2008 年 12 月去世的，那一年我刚出来创业，还在经历创业初期的奔波、操劳与挣扎，压力很大。凌晨时分，弟弟第一时间用短信，将父亲病逝的噩耗通知身在外地的我。我起床后，努力镇定地接受这个事实。我问他如何安排父亲的后事，善解人意的弟弟说："我来处理，你专心工作！"出殡前后，我只负责准时出席丧礼的环节，而弟弟则负责了全部事务，父亲的后事被安排得妥帖得当，井井有条。我非常感恩父母带给我这么懂事、这么负责任的弟弟。

一直以来，他在香港工作，而我在大陆到处讲学、做顾问和教练工作。他负责照顾母亲，每周都会回家探望喜欢独居的母亲。每次和弟弟通电话，我第一句就问："妈妈身体还好？她有没有什么问题？"而他的回答总是令我安心。有弟弟在，我可以放心做自己喜欢的事业，他是我坚强的后盾。除了汽车，弟弟对所有的电子产品都非常敏感，很快就能上手新科技。我是"文生"，他是"武生"，每当遇上技术性问题时，我第一时间就会找他。

🦋 影响我一生的姐姐

姐姐是我一生的贵人。我有时候会觉得，正是因为她，才成就今天的我。姐姐比我大一岁，在任何方面都比我优秀，是家人的骄傲。她能歌善舞，从小到大都是学校的高材生、出色的运动员，成绩总是名列前茅。在她的熏陶下，我也不敢怠慢学习，只能紧紧跟随她的步伐。

小学六年级公开试我考得不好，没能考上好中学，只能进私立中学，所幸没有受到家人的责备。但我很不甘心，多亏姐姐替我补习，成功考了第一，拿着私立学校的好成绩去申请转读姐姐就读的津贴学校，该校以严格、认真的校风扬名。因为姐姐的优良名声，我得到了校长亲自面试的机会，成功转校，并加入了校田径队，继续和姐姐在田径场上比拼、合作，这样我们在小学时共同的田径爱好和才华一直延续至了中学。

考大学时姐姐失手，只能读大专。那时，年少轻狂的我有点没心没肺，甚至暗自开心：该是我突围的时候了，再也不用当她的影子。当时，弟弟专注在他的汽车专业上，没有读大学的念头。因此我更加用功念书，毫不松懈，父母也把希望放在我身上，对我百般迁就。临近高校公开试，家人为了给我创造一个完全安静的学习环境而搬走。最终我不负众望，考上香港大学，也算是为家人争了光。

姐姐是我的偶像、老师，同时也是我的竞争者和守护者。近日和她谈及事业发展方向时，她说一切从零开始，重新学习。她不断学习与设计工作有关的新知识、新技术，最近又完成了第二个硕士学位——灯光工程专业。她告诉我灯光运用很重要，学习这个学位可以使她室内设计专业的效果更突出。她持续学习的精神对我有莫大影响！

🦋 血浓于水不可等而分之

我在家中排行第二，在这样的家庭环境中，从小我就开始学习团队精神，学习处理人际关系，在优秀的姐姐以及务实的弟弟中间学习"平衡"，但不失去自己。从姐妹、姐弟情中学习忍耐、包容，寻找自己的定位。这种从小在生活经历中学会的在夹缝里"突围而出"的观念，对后来的人生发展影响颇深。这样的成长经历，强化了我的生命力、创造力和自我调整能力。有姐姐和弟弟在我生命中同行，令我感受到生活的多姿多彩，感受到爱与被爱，免受孤独感及不安全感，他们是我一生珍贵的财富！曾经也因讨好姐姐而迷失，也会欺负弟弟来发泄心中的嫉妒。时过境迁，如今我们都已过了不惑之年，回首前尘，往事历历在目，早已经成为彼此心中最为宝贵的回忆。而对于剩下的人生路，我们也将携手而行！

回归到这次要说的主题：多子女的家庭，对父母和孩子来说，是先苦后甜：小时候可能互相抢资源，长大后却能扶持到终老；而独生子女家庭，集万千宠爱于一身的孩子是先甜后苦，小时候享受到长辈们全部的爱，长大后却要独自照顾年迈的父母，甚至爷爷、奶奶，独自去面对生命的喜怒哀乐、生老病死，独自去承担一切，这确实太过孤单。但是具体的生存境况非我们所能选择，所幸今天的年轻人已经意识到这个问题，他们正在力所能及地去学习如何应对，学习用爱去回报爱的付出。爱的天平不能等分，无论你有没有兄弟姐妹，你都继承了父母的基因和血液，你延续的是一份完整而美满的亲情。时间会消逝，沧海变桑田，真心的爱才是唯一联系父母和子女的纽带。

爱是承担，爱是付出，爱也是责任！

你若不在，我会想你

吴咏怡

妈妈，我还是习惯称呼你"女超人"。谢谢您在52年前的今天，带我来到这个世界，并用实际行动教育我。你给了我生命中最重要的礼物：一个优秀的姐姐，一个愿意时刻保护我的弟弟。您用您的爱时刻引领着我们，为我们一生护航。

妈妈，谢谢您给了我无限的自由和空间来实现我的梦想。虽然您有时爱啰嗦，时常担心我在外无以为生，担心我的经济出现问题，担心我投资失败，担心我的臭脾气伤了自己、也伤害他人。但每当我事业受挫、爱情失意、满身伤痛的时候，我还是毫不犹豫地选择回家，回到您的身边，在您的怀抱里躲避和疗伤。您从不刨根问底，追问我发生了什么，只是静静地照顾我，为我煮饭，让我吃得饱、睡得香，还问我需不需要钱去渡过难关。我知道自己绝不会拿您的私房钱，但内心已因您的爱而融化，所以下定决心告诉自己一定要争气，一定要再爬起来。也正是因为有了您的爱护，每次我都会一步步走出低谷，重新出发。妈妈，感谢您一直以来默默的陪同。

我真的很怕很怕失去您，但我知道这一天终会到来，我无法想象如果那一天真的来临时我会怎样，因此，现在的每一天我都努力让自己成长，让自己强大起来，有勇气去面对这一天。请您相信：我会长大，也终将勇敢去面对您不在的日子。我知道，其实我怕得要死，却又不得不时刻准备迎接这份挑战。所以，现在的我很珍惜和您共处的每一分、每一秒，我要把这些美好回忆统统存放在我的记忆中，把这些美丽的照片好好收存，这样在日后翻看时，就可以通过照片去怀念您，感受您对我的爱——不变、永恒的爱！

妈妈，其实我曾经憎恨过您偏爱弟弟，也痛恨您给我一个很男性化名字，让我一度认为，我来到这个世界，仅仅是为了弟弟的出现而作的准备，和一个过渡；也恨您给他过多关注，就连买房也仅用弟弟的名字登记，而没有我的份；我恨您重男轻女，因此也曾经狠心和您断绝来往近一年。那一年，倔强的我独自在外，就连弟弟的婚礼也没有出席，本想通过这种方式来表明我的立场，要给您"重男轻女"的思想上一课，但其实这一年间我自己也反思了很多，到头来反而是给自己上了一课。回看那一年，我是多么愤怒，多么孤独。多少个夜晚，独自流泪，却好强到死不低头。幸好我接触了关于心灵梳理的体验式课堂，让我及时清醒过来。但是，我依然没有回去看您，只是让弟弟陪您来参加我的毕业典礼。然而，当您出现在我毕业礼，您却什么也没有说，更无半句指责。您的大度及包容让我更加爱您，也让我的心像小鸟一样归巢。

妈妈，谢谢您让我回家！因为有您在的地方，才是家！

当年，我的无知和狂妄不仅伤害了自己，也伤害了您和家人，但我也学到了家才是我永远的后台、靠山及避风港，让我这匹狂妄自大的野马休息、疗伤、充电、补充能量。倘若有一天，您真的不在了，我会经常去看望您和爸爸，让你们放心。

爸爸的离去，让我意外，带给我伤痛，同时也给了我一份很大的礼物，激发我建立"爱·相信"公益平台，投身于生命教育，帮助他人规划生命，提前为死亡作好准备。您若离世，我又会有什么样的成长？我真的不知道，但我会好好准备，我一定会的，请您放心。我知道您的离去将会是我第三度的成长，我一定会好好活下去，一定把您教我的一切，传承下去，我会！我一定会！但这一天请不要那么快到来，我还未准备好。所以，妈妈，请您一定好好活下去，活到百岁！让我继续像小时候那样，在您的怀抱中多待一会，再多待一会。

上帝，请让我如愿，请接受我的祷告，阿门！

女超人永远不老

吴咏怡

一早起床，我发现妈妈一边看巴黎冬季时装展，一边认真听时装设计师解说设计理念，我大吃一惊，顿时睡意全无！87岁高龄的她还看时装展？不是吧！她懂吗？她这个老弱的身躯还要这些华丽衣装去装饰吗？想到这儿，我的大脑突然跳出一个声音制止我，原来我内心已经开始不信任她，看不起她，嫌弃她老了！她最近身体状况不佳，经常进出医院，有时甚至神志不清。她现在和我的印象中那个"女超人"的形象渐行渐远了。当意识到这些负面想法的时候，我心理暗暗地骂自己真的不孝！

不过看她全然专注于眼前的时尚节目，我出于好奇，还是忍不住问："你看得懂吗？"她理直气壮说："长着眼睛就是用来看东西的！"我就佩服她这份自信！她很聪明，听出我对她的怀疑，所以这样自信地回答，真不愧为我的女超人。

🌸 妈妈是我的偶像！

有人说我是打不死的小强，我说这算什么，我的妈妈比我厉害十倍！在我心中，我妈妈是个无敌的女超人！对于我为何要封我妈妈"女超人"这个头衔，我总结了以下几点原因：

1. 生命使者：妈妈凭着超强的生命力，一共生了 6 个孩子！前 3 个孩子出生后没多久就夭折了，但她仍继续生，我姐姐是她第 4 个孩子，我排老五，而她太想要一个儿子，所以终于有了我的弟弟。本来还可能有一个老七的，当时妈妈征求我们的意见，十多岁的我们都说够了，因此，老七才没缘来到这世上。

现在很多女士生了一个孩子都觉得痛苦万分，再也不想要第二个。妈妈却不怕死，先后怀过 6 个，还要面对前 3 个孩子的迅速死亡，并养育了我们姐弟 3 个，真佩服她强大的心理素质。

2. 专业人士：她出生在农村，上学只上到小学三年级，20 世纪 50 年代从家乡广东番禺来到香港，在印度人家里做女佣。开始时只能做些清洁工作，她深知自己没有一技之长是不能赚到更高工资的，所以每天工作结束后便跟着厨师学厨艺。从在印度人家中转做厨师，成为专业厨师，到后来和人一起合作，在香港知名的"重庆大厦"开印度餐馆，再到后来因为合作不愉快，妈妈开始独自经营自己的印度餐馆直至退休！所以从初中开始，有空我就去餐馆帮忙，目睹了妈妈的辛劳：周一到周日，早上八点至凌晨一点。那时，我就发誓一定要努力读书，只有读书才能让妈妈及自己以后的日子不这样艰苦。所以很多人说我现在工作太拼命时，我都会说："这算什么，我见过也做过更辛苦的工作。"

她在事业上的专注也感染着我们：姐姐毕业后投身于产品设计领域，我专注在以人为本的教练培训工作上，弟弟则从 13 岁开始便笃志于汽车行业至今。我们姐弟三人都如她一样专心、专注在一个行业里，不断学习，不断更新自己！

妈妈学历低，但这丝毫不影响她的学习精神。她初来到香港时，一边打工，一边上课学习英文，所以见到外国人时，她一点也不恐惧，甚至主动交流；她退休时 60 多岁，我建议她去听一些体验式领导力的课程，了解我和弟弟上过什么样的课程，她同意了，并且以优秀的成绩毕业。她绝对是我们学习的典范，所以我们 3 个孩子像她一样，不断利用业余时间进修，从没有松懈过。姐姐从设计专业毕业，两年前又成功地取得她的第二个"光学运用于设计"的研究生学位；弟弟在 48 岁时获得本科学位；我自己也已经完成两个兼职式研究生学位，现在继续兼职攻读博士学位。

3. 自足自给：我们家中我和姐姐都未婚，弟弟虽然结婚了，可是弟媳妇不愿意生小孩，妈妈的三个孩子都不愿开枝散叶、传宗接代，她便自己去香港保良局助养一个小女孩成长，每月探望这个小女孩，从 5 岁到 18 岁。她想方设法去满足自己的心愿，不曾把她的期望强加于我们身上，给予我们无限的自由去过我们要过的生活。

几年前一次家庭聚餐中，妈妈突然提出让弟弟、弟媳妇去收养一个小孩。这时我才感受到，她并非真的不介意。但弟弟和弟媳拒绝了这个请求，妈妈也没有紧紧追逼，只是无奈说了句："吴家绝种！"我听到后没有插嘴，但心中深深知道她是在意的，所以我现在努力去做教练技术及生命教育的工作，除了因为自身热爱这事业，还有一个重要原因就是希望通过这份工作，以另一种方式去传承家族精神，不致出现"绝种"，满足她的需求，是我现在工作的动力之一。

4. 母爱无敌： 当初妈妈在富人家里打工，每周只有半天时间回家看我们，然后就要离开，后来因为经营餐馆，她亦无暇照顾我们姐弟三人。但是她永远把该花的钱花在我们身上，把最好的东西给我们，把我们装扮得漂漂亮亮，像有钱人家出身一般，还曾送我们去私立小学上学，令我们不会因为生于工人家庭而没有自信！

在我考大学时，姐姐已搬到重庆大厦的餐馆住，以便更接近理工大专去完成设计课程；弟弟当时已开始工作，成为车身喷漆工人；我知道我是家里唯一的希望，因此给自己很大压力，把学习计划落实到每一天每一小时。而妈妈却没有给我任何压力，只是每周回家两三个小时，确保冰箱有吃的东西。有一次她买了一只鸡放进冰箱，一周后回家发现这只鸡原封不动，就知道了我不懂得照顾自己。但她并没有责怪我，反而把食物准备得更细致。我心中也知道考上大学是我能送给她的最大的礼物，所以动力十足地去向这目标冲刺。

5. 理财专家： 妈妈很懂得计划人生，从住木屋到后来搬入廉租屋，家对我们来说已一个可以安顿下来的安乐窝。但妈妈厉害得很，她50岁时，为自己退休后生活做准备，在香港买了一套房子租出去，现在她每月的生活费都是靠租金，不靠我们。过了几年，她看到家乡广东番禺的房地产市场开始发展，再次在商业区购置了一间住宅租出去，并于2013年卖掉，获得4倍回报。因此，她的晚年生活仍能自力更生，以当包租婆为乐，又有现金在手。现在和我们子女吃饭，她甚至还抢着买单。真是了不起！

6. 有情有义： 妈妈和爸爸吵吵闹闹50多年，我们家不同于一般家庭，妈妈在外工作，爸爸在家照顾子女，女主外而男主内。她没法改变父亲的逃避，只好做好自己，到70多岁时，她也想过离婚。当听到她的想法时，我只说了一句：

"那么大年龄还搞这套？爸爸搬回老家也都 30 多年了！"她就没说什么，坚持这婚姻直到父亲去世。在父亲临终前半年，妈妈已忘记所有恩恩怨怨，每天悉心整菜弄汤，全心全意探望照料。爸爸因为身体的病痛而时常出口伤人发泄痛楚，妈妈却依旧坚持及包容。在爸爸葬礼上，妈妈一直十分淡定，直到爸爸的棺木被推入火葬炉，她的眼泪终于流了出来。爸爸去世一个月后，家里墙上挂起了一张爸爸年轻时的帅气照片，妈妈还准备了三个水晶相架给我们姐弟三人，里面放上同样的照片，要求我们每个人把这相架摆到自己家中，提醒我们要纪念爸爸。我由衷欣赏妈妈的大气。

妈妈是我的偶像，她是我们家的精神领袖，她以她的实际行动来影响着我们。我听她讲的话，也默默观察妈妈的行为，她的确永远不会令我失望！

一直以来，我认为父亲去世对我影响不大，因为我和他毕竟已有三十多年没有住在一起，直到他去世后，我才知道不是这样，原来亲人的离开是那么的痛。所以我更害怕，怕妈妈离去。我的一生深深被她所影响，如果她不在了，我知道我需要很长的时间去康复。现在能做的唯有多回家吃她为我准备的饭菜，并每时每刻不忘将她的精神发挥到淋漓尽致。

女超人，加油！

人生是不断修行的旅程

吴咏怡

有人说："要么读书，要么旅行，身体与灵魂总有一个要在路上！"也有很多人因为自己年龄大而放弃学习、放弃突破自己。所谓"终生学习"、"活到老，学到老"，我坚信学习应是"学到死为止"，有生之日都应不断学习，不停进步，这样才会有拥抱年轻、满怀幸福的心态！

🦋 挑战"机械恐惧症"

我参加了一个为期5天的尼泊尔摄影旅行团。我选择边旅行边学习，让自己的身体与心灵一起前行。当然，这个选择对我来说是一个突破：一来，我已经很久没有随团旅行了；二来，我希望自己坦诚面对我学习能力中最弱的一面——与"机械"结缘。因为此次旅行的主题是摄影，而此前我从未认真研究过相机这个工具。作为一名"纯粹"的文科生，我对机械、化学、物理类学科几乎一窍不通，甚至有恐惧感，内心也是严重抗拒。记得我25岁那年考驾照，3次都以失败告终，回家痛哭了一场，妈妈还以为我失恋了。从那时起，我就决定此生不再考驾照，只做"乘客"！那一刻我甚至认定，自己与"机械"缘分已尽。

旅行出发前一天，看着新购置的相机，"机械恐惧症"的阴影再次袭来。但既然报了名，只能硬着头皮上了飞机。我不断对自己说："自己不学好，别人帮不了；自己要学好，别人挡不了！"

我坚持参加此次旅行团的原因有三：一，此次旅行地——尼泊尔是世界幸福指数排名前三的国家，而这个国家的雪山景色又是世界最美的，我对这个从未去过的国度充满了强烈的好奇；二，对一个旅行爱好者来说，掌握摄影技巧可以丰富旅行的体验和乐趣，我一定要在这方面有所突破；三，随团的摄影老师是一个有耐心且要求严格的人，他有30年的摄影经验与20年的教学经验，我一直欣赏他的作品和拍摄风格，我相信在严师的帮助下，一定能穿越恐惧，战胜恐惧！

✤ "菜鸟"脱菜记

在出发的航班上，"严师"就开始为我补课。他传授我基本知识，教我操作这个看似复杂无比的"机器"，即使这样，我的焦虑也没有减弱。我观察到团友们拿出来的都是价值不菲的相机及配件，每台装备平均在十万元左右，绝对的"土豪"级装备，而我手上只有一部平凡异常、只有基本功能的单反相机。团友们都是上过专业摄影课程的"发烧友"，而我是只绝对的"菜鸟"。这种感觉很痛苦，我甚至又想放弃，想把备课、写作这些理由拿来当作逃避的借口，想向大家宣布把我当作普通"陪读"。可是这些心思都被"严师"看穿了，他要求我关注目标，让我的"恐惧"无处可逃。我暗自思忖，菜鸟如何才能变成雄鹰呢？我一面调整心态，一面吸收新知识：光学知识、机械知识、数码运作知识，完全进入了一个全新的领域，像小学生一样认真听课，认真做笔记，我不断提醒自己要谦卑，学习"无知"（learn to unlearn），坦诚和老师、团友们说"慢些"、"我不明白"、"可以问一些基础的问题吗？"

老师说，学摄影会有六个进步阶梯：从"拍到"到"拍清楚"，从"拍清楚"到"巧构图"，再到"捕光线"、"显调子"、"出意境"，一阶一阶需要循序渐进。

前三天的旅程中，我专注于"拍到"：先从熟悉相机的按钮入手，再到认识饱和度、色调、反差、曝光、对焦这些基本概念。从手足无措到渐入佳境，不停地按键，不断地实践，在反复地检视照片效果中逐渐改进！我知道自己在这个领域是彻头彻尾的"小朋友",我不能浮躁,不能急于去研究照片的境界。听到团员和老师讨论构图、意境时,我选择退下来,选择沉默,选择专注于我对基本功的理解与实践,专注于我能做到的——"拍到"!

每天晚上,回到酒店房间后,我一边翻看当天自己所拍的照片,一边发现问题。正如摄影老师所说"看别人作品中好的地方,看自己作品中不足的地方",才知道在哪里减分,在哪里加分,一边为自己打气,一边进行自我教练。正如我常勉励刚学习教练技术的学员时说的:不怕慢,最怕不前行。面对一个全新的领域,先学好基本功,然后不断地实践。神经学家列维亭(Daniel Levitin)说过:"一万个小时的练习或训练,是成为专家最起码的要求。"但我自知在掌握机械原理方面天分欠缺,一万个小时显然还是不够的!

感谢老师在行程的最后两天借给我不同焦距的"长镜头",我才有机会学习和临摹老师的独特构图,从认知、接纳到模仿!对我而言,这五天是那么的漫长,又是那么的短暂。在这场"战战兢兢"的旅程中,我终于从"小学"毕业了,值得庆幸的是老师接受了我提交的作品,成功穿越了我对相机的恐惧,找到和它们共处的方法,完成了这次出游的目标!

✿ 镜头背后的人生解读

通过这次游学,让我对摄影有了更深的理解。以前看照片,只会惊叹于它的"美",但经过五天的洗礼,加强了我对摄影的认识,深刻体会到:摄影是一项走进自己及他人内心世界的艺术,用心去体会,用心去捕捉,处处都可以发现美好和独特之处。

人生也如摄影:面对"光"的不断变化,要学习和适应,在多变的环境下快速、果断地决策,迅速按下快门,你得到的可能是一张绝美的图片,也可能是一个不可多得的机遇。而对于摄影者来说,每一张作品都代表着其看待事物的眼光、世界观、价值观,甚至是他的内心世界的投射,这绝对是自我修炼的方法之一。

这也让我感悟到"双向学习"的重要性:由内及外,由外至内,摄影是技能与心态的结合,就像学习的三种境界,即:"知之,好之与乐之。"若想"知之",首先要找对老师,但是否能做到"好之"与"乐之",便要依赖自己不断的修炼!

　　有人说"专业行家转行去做菜鸟，从头做起很是困难啊"，但人生本就是不断修行的旅程。感谢这次游学，让我这个"机械菜鸟"得以通过镜头，从另一个视角去阅读世界，以一种聚焦、平静的心灵，去与风景和人物"心交"、"神交"！又多了一份能力去体验生活、丰富生命、感悟人生！

　　敢于面对、敢于突破，必将打开另一份美好，就如我克服自己的"机械恐惧症"一般！

学员感悟

行走在夜路上的我们

陈佳祎

百德沃贸易（香港）有限公司　运营总监

第 14 期　上海 LE 学员

2012 年的最后一天，阳光像新年礼物一样在这寒冷的冬日让人惊喜，我把自己像棉被一样摊开在午后的阳光下，普通的日子里感到度假般的满足，仿佛此刻全部账单已付，全部愿望已达，明天的一切都一定会更好。

好友约我去世纪公园晒太阳，那是上海难得的城市绿肺。我到的时候她已然全身心投入在冬日日光浴中：蔚蓝天空，草坪上小狗儿嬉戏，生命美好蓬勃的场景；投射的阳光还有她健康干净的黑头发组合起来，呈现出深冬的暖意画面。见面后，我由衷感慨："天气真好哇！"好友却说："不好！这一年我感觉都在走夜路。"

突然，我看见了她仿佛被无形的阴影笼罩，外面的好光景统统被阻隔。原来，半年内两位至亲离世，她紧赶慢赶都没有见到最后一面，同时又在一周前恢复了单身，形单影只，除了思念还有对频繁接受死亡的恐惧和麻木。"12 月 21 日为什么不是世界末日！"她满是重重的感慨。

"你有过走夜路的感觉么？"讲完这半年经历之后，好友突然问我。

我当然有过，那种跌入深渊，前所未有的无力；你从未放弃，努力去争取，原以为有作为总比不作为要强，竟然还可以再差！在哪个城市似乎都没有支持，孤立无援，除了回到父母身边这唯一的退路，可又不愿认输——最后只能认命一时无力改变这境遇。当时间够久，你感觉自己溺在一处却挣扎不出，开始不断自我怀疑，想改变却看不到希望和支持，于是昼夜更始都与你无关，每天都如同是行走在茫茫夜路中，看不到尽头。

我回应她说"我也有"、"我懂"没有用，她依然觉我无法感同身受。首先对于死亡的话题，虽然我想起两周前那场特殊的经历，此刻自己应是有更多的能量支持她去面对。然而看她如此痛苦，便觉得感同身受的同行力量和嘘寒问暖已经不是解决方案。对此刻正在走夜路的姑娘来说，她只想让自己先充分沉浸在这痛苦中，等到需要倾诉的时候，这种痛苦会被自己有意识地缓解。

"如果你也曾走过夜路，你做了什么呢？"她终于开口。

"一时半会儿做不了什么。比如对于死亡，之前爷爷离开，太舍不得，不愿意看到他那么痛苦，我还能为他做些什么？哪怕买他最爱吃的张记油淋鸭。然而时间太巧合，最终没有见到最后一面，别人都说那是因为他太爱你，不愿意要你亲眼看到难过。我非常相信。"我说，她点点头。"但是不舍和难过还是会占领我，我让他们都先释放。时间一定是最好的治愈。"

"他们劝我要坚强的时候，我如何坚强？大家面前我都忍着眼泪，那段时间太辛苦了。"她蹙眉。"但更辛苦的不是接受他们不在的现实，而是面对自己一团糟的生活，手足无措！没有人问你一句：需要帮忙么？居然还有人在我这么需要他的时候选择离开！"她激动起来。

"换个角度想想呢？即使你幸运拥有肯听你絮叨的听众，她的帮助也是短暂且无法根治的。此刻你需要独立的冷静剖析，尝试在相对平静的时刻写些东西，用文字审视你自己，看清楚内心真实的表达。写下目前遇到的所有问题，别去描述自己有多么痛，去描述事实。除非你需要跌宕起伏的感情体验以小说戏剧创作，否则深夜听悲歌、夜奔、喝酒助兴不会排遣忧伤，只会放大你右脑的混乱体验，持续扰乱你的工作、饮食与睡眠。如果你非要深夜听悲歌、夜奔、喝酒，这夜路你才刚刚开始走。"我说。

"再者，那些被你称为失败的感情，仔细想想，只要这事从头到尾没人逼迫你、威胁过你的人身安全，那么你就不是一个'受害者'，所以千万不要以'受害者'自居，把自己放在'可怜的人'的位置。就算对方'欺骗了你，辜负了你'，你也依然不是一个受害者。现在能做的有三件事：首先，彻底认清这段失败的感情；其次，不要再加诸太多对方的责任为这段关系的失败作借口；最后，既然已经决定，不要后悔中止对他的选择。如果做不到，这段夜路又凭添一个岔道口，黑夜里迷路的感觉是不是更差？"我知道每个聪明的女孩儿其实都懂得。

"每个人一生中都会有大大小小的夜路需要独行，没有人知道属于自己的夜路什么时候会结束，但终会结束。每次情绪波动、情绪转移时，告诉自己这一切都是暂时性的峰值体验，一切都将时过境迁。因为我们每个人生命的不同，这将成为我们必须经历但终会痊愈的一场病。生命的不同令我们每个人的所得都不同，而一场病的痊愈需要我们一起等待和修炼。唯一不要再继续的，就是自怨自艾和停止不前。"她那么聪明，已然明白我的心意。

我想，夜路本是人生道路中众多真相的一段。夜路意味着在作为小女孩的幻想终于落幕之后，我们终于走上了作为一个真正成长了的女人，去面对选择与生存的现实之路。夜路独行会训练你的远见，是第一次，也是最深刻的一次自省和磨练。既然无法避免，既然每个人都会遇到这一段，已经在这夜路上了，走得快一点，就是离尽头近一点。

我们每一天常常都在感慨，对周一的来临百般不情愿，终于捱到解放似的周五——微博上一周表情太形象。然而一年结束了，在最后一天里，大家好像统统都发出一种声音，非常不舍——"这一年就这么过去了！"是呵，有多少个不情愿的周一，那也许是对某些人来说生命最宝贵的 24 小时，被我们无情地抱怨着就消失了！对周一的难捱之心如同走夜路时的心情一样。但无论何时，我们活着的当下是我们能够拥有和把握的最好时刻。

所以无论何时，我都充满感恩。我相信每个走过夜路的姑娘，走到属于自己的白昼时，也一定会感恩生命中曾经有过的这样特殊的时刻。这是这一刻我所有的感悟，也感谢生命中曾经引导我走过一段夜路的吴咏怡导师。

我的爱走了

刘学

北京西城 305 医院　心胸外科医生

第 15 期　北京 LE 学员

阴阳两隔之痛悟

　　恍惚中，我的爱，你走了。生命没有彩排，经过了就不能重来，一旦真的发生了就不会再被抹去。不知别人是否也曾经历过一样的切肤之痛，但我只在乎你。虽然不可否认，死亡是上苍维系物种平衡的一大发明，但这个发明却可以让人切切实实地感到痛不欲生。如果能有"如果"这两个字，该有多好啊！

　　我的爱，你走了，剩下的世界在一瞬间变成了虚无，曾经的诺言变成了这世间最赤裸裸的背叛，这背叛让一切谎言都哑然失色，这背叛让一切信仰都不复存在，而这诺言，只是一句："我会和你一同老去。"我的爱，你走了，从你临去的眼神中我读到了你对我的留恋，我也知道你不能主宰生命的轮回，但我依然恨你，恨你留我一人在世间孤老。如果能够与你重新共度三天，与全世界为敌又有何惧？

❧ 重度三日之追梦

第一天，我要回到少年时我们第一次相遇，我会放下曾经的矜持，也不会故作神秘地与你若即若离，我要找到世间最美好的词藻来直接表达我对你的爱慕。虽然会有些唐突，虽然会有些无理，但为了能早一天与你一起共度，我不愿遵守世间的任何规则。如果这天你能将头埋入我的怀里，你一定能听到我扑通、扑通跳动的小心脏，它也像我一样为自己的情有所属而感到兴奋，虽然这最终可能导致我后期出现的高血压，但我依然无怨无悔。在下午茶时间，我会给你磨上一壶咖啡，配上亲手烘烤的提拉米苏，与你一起畅谈理想，规划人生，在即将结束之时，我会适时地告诉你提拉米苏的意大利语含义，并把你的羞涩之情，铭记于我的脑海。傍晚，我可以轻轻牵着你的手，回我的家中与家人共进晚餐，并将你介绍给我的父母和姐姐，使你正式成为我原生家庭中的一员。饭后，我会慢慢地步行送你回家，并会在你家楼下注视着你卧室里的灯光，直到它缓缓地熄灭。

第二天，人到中年，早晨：为你磨好一杯豆浆，我什么都不做，只是静静地看你；中午：为你沏好一杯清茶，我什么都不做，只是静静地看你；晚上：为你备好一杯红酒，我什么都不做，只是这样静静地看你。而你什么都不用做，只是这样静静地被我看着。中年的时候，真希望我也可以有一天这样奢侈地度过。

第三天，我们已经老了，伴着布谷鸟的叫声，我们再次醒来。在阳台上举目远眺，清晨的金色阳光抛洒于海面，沐浴在轻柔的海风中，我们相视一笑。吃过清淡的早餐后，我们一起穿上艳丽的服装，你帮我打理好残存的头发，我帮你准备好一天的维他命胶丸。我们一起踏上了最熟悉的 18 洞果岭。规矩依旧：比洞赛，每洞让你 1 杆。我们已经可以插着黄旗，将球车开上球道，一样的绿草，一样的氧气，一样的阳光，一样的爱人。我依然为你的每个好球喝彩，你依然为我的每个坏球窃喜，但我们的童心依然未变。经过短暂的午休，我们各自给自己重要的亲友打了电话。快到傍晚了，我们决定再出去走走，这次我依旧在检查我的随身物品：手机、手表、钥匙、钱包还有你，而你依旧要提醒我：带上公交卡和身份证。最后一次，我们一起，手挽手慢慢地走着，然后坐在公园的长椅上，对着夕阳，你将头倚在我的肩上，我将头靠在你的头上，我们的世界在这一刻永远地停止了。

❦ 梦醒，生命感悟

我的爱，你走了，你再留下来陪陪我吧！难道你忘了你曾答应会和我一起老去？没有你，再大的成就又可以与谁分享？没有你，拥有了全世界又能如何？我不恨你了，我知道如果我走了，你也会是这样的一个我。

哭着，哭着，我醒了，原来是一场梦；哭着，哭着，我笑了，原来你还在枕侧。

生命无常，最幸运的莫过于：我心未老，我思仍在。

（此文写于2012年3月10日在北京参加的一次思考生命价值的"生命智慧"公益课程之后，参与期间我体会到了一天的假想丧亲之痛。不幸的是我被安排的假想对象是我的爱人，痛很嗜骨，幸运的是这只是假象，我还有很多的事情能做。如果我的朋友看到了此文，希望能对你有所帮助，我也愿意与你和你的家人探讨生命及死亡的意义。）

向生命学习智慧

黄慧敏

执笔：陈晓敏

已退休

第 18 期　杭州 LE 学员

　　我今年 55 岁，丈夫 60 岁，在女儿的鼓励下，我们一起参加了"生命智慧"公益课程，成为了此次培训中年纪最大的学生。到今天为止，课程已经结束一周了，但在课堂中的种种经历还在脑海中不断重现。在此我想分享一下自己在这两天课程中的收获。

　　都说生命无常，我这个年纪的人更是感触深刻，可能今天还是好好的，明天就突然不在了，生命永远无法预测，只希望每个人都能活好每一天，珍惜自己的生命。

　　之所以对这次培训感触颇深，是因为它解开了我的一个心结。那是十多年前的事了，有天我去买菜，恰好看到哥哥在前面，因为大家平时同在这个市场买菜，见面机会多，加上我赶时间上班，所以没和他打招呼，想不到这竟成了最后一面。几天后他突发脑溢血，意外地去了。这次经历一直在我心里打结，我时不时会想，为什么自己当时不叫他，至少打声招呼吧？

　　生命是脆弱的，善待身边的人，过好每一天，不要给自己留下遗憾。

❀ 爱在身边

我和丈夫吵吵闹闹了大半辈子。他是个慢性子，性格内向，平时说话、做事总是慢条斯理，在家里也是闷不作声的，而我是个急性子，跟他说件事半天没反应时就感觉心烦。我俩虽没什么大矛盾，但也经常因生活中的琐事摩擦不断。

这次培训的共同经历场景唤起了记忆中我们的过去，彼此都发现：原来对方在自己心中居然是那么重要！

第一天课程结束后，我在心里深情地对他说："老公，我舍不得你。其实平时你对我和女儿都很好的。你帮助我做家务，减轻我的许多负担，这是一般男人不愿做的。如果你真的要离开我了，我会非常伤心。"那天的眼泪掉了许多许多。我一直哭着，对丈夫说："实在是舍不得，就是舍不得。"

老公这个平时很内向的人，那天听到我的哭诉后，也很激动，他拉着我的手对我说，"老婆，我舍不得你。如果你离开了，我也舍不得。想到我们俩从年轻时相识、走到一起，直到现在，真的不容易。人老了，两个人在一起更多的是相互扶持，每次我不舒服，你总陪我去医院，细心照顾我；你不舒服，我也会照顾你。女儿有自己的事业，以后也要成立自己的家庭。如果你不在了，我一个人该怎么过，想想都觉得孤独，怎么能够活下去。再想下去，我也不想活了，没人说话，没人陪伴，还不如去陪你呢，实在不敢往下想。"他面对着我，却又像在喃喃自语。

"舍不得，以后我们不要吵了，有话好好说，好好过日子，好吗？"

"哦，好的。"那时，他就像一个听话的孩子，以往的倔劲消失得无影无踪。

我想告诉许多年轻夫妻，平时争吵是正常的，但是一定不要互相怨恨对方，夫妻终归是夫妻，没有他，你就要独自面对孤独，抵挡孤独。

我还想对年轻人说：有空多回去看看你们的父母，因为不论遇到什么事情，哪怕到了生命最后一刻，做父母的想到的永远不会是自己，而是子女，子女永远是爹妈心头最牵挂、最担心的人。所以常回家看看，不要让自己留下遗憾。其实父母只要见到孩子平安就足够了。

🦋 女儿晓敏的话

作为女儿，我很庆幸看到父母上完"生命智慧"后的改变。我清楚地记得我们上完课在火车站候车厅时，母亲依偎在父亲身上，父亲则搂着母亲。他们互相分享"生命智慧"给自己带来的领悟，彼此都流下了眼泪。生活的琐碎、平时不经意的争执让他们更多关注对方的缺点，是"生命智慧"唤醒了他们内心对彼此那浓浓的爱意，并提供了一个很好的途径将那爱意表达出来。

也许生活中他们还会磕磕碰碰，时常拌嘴，但是他们现在更加平和、包容地对待彼此。作为女儿，我很高兴看到他们沉浸在幸福之中！

知天命　行真知　安当下

申康

北大纵横管理咨询公司　第八事业部合伙人

第 19 期　上海 LE 学员

❀ "知天命"而非"听天由命"

"生命"是什么？年龄已过"知天命"的我却一直不明白，无法解答，甚至从未认真考虑和思索过！

出生于 20 世纪 60 年代初的我，从小生长在部队大院。虽说并没有考虑过"生命"是什么，但对"生命的意义"这个命题，从当时普及教育的课本、电影以及优秀人物的宣传中，我已形成了自己的人生观：我要像雷锋、保尔一样活得有意义；要像小兵张嘎、李向阳一样活得痛快；要像邱少云、黄继光、董存瑞、欧阳海、张思德、王成、江姐、刘胡兰等英雄人物一样死得光荣；要做一个像白求恩一样的人，伴随这些光辉形象的经典语录也早已烂熟于心。因此，我从小就不怕死，并坚信自己一定会光荣地死掉。

随着年龄的增长，离开学校和从小生长的环境，踏入现实社会，生与死的问题似乎已慢慢被我抛在脑后。以前的英雄形象渐渐从脑海中淡去，催人奋进的号角声也与我渐行渐远。平日里，为自己、为家庭平淡地活着，已成为生活中的主旋律。怎么样叫"好活"、怎么样叫"好死"？即使身边时时发生死亡现实，却还是没有引起我对"生命"概念的反思与深入探索。人总是要死的，我并不怕死，死就死了，没什么大不了的。宿命论的观点不知不觉已成为习惯性答案，但我内心清楚，这只是我假借"听天由命"来为自己开脱罢了。

2013 年 7 月 6 日至 7 日两天"生命智慧"工作坊的培训学习，让我对"死亡"这一不可思议的命题又重新开始考虑、反思。原来，"不怕死"的背后并不是什么英雄主义，而是自私、不顾他人的表现！而做到"善终"是多么地不易！

❧ "死亡" 是最好的发明

牢记自己终将死去的事实，可以极其有效地杜绝我们的侥幸心理，把每一天都当作最后一天度过。乔布斯的《总结自己的一生》的演讲是如此地发人深醒，帮助我对"生命"这个概念的理解在当今时代又有了丰富的拓展，其意义也有了更宽的领悟，太多的事情要尽快决定，太多的事情要尽快去做。"生命无常"天天在现实社会甚至自己身边得以印证，自以为是地认为可以活到多少岁是多么地幼稚。以"终"为始来重新规划自己的现有生命。谁都不想死也都不愿谈论死，但谁都想有尊严、有价值、无痛苦、无牵挂、安详舒适地死。可当我们还在活着的时候，考虑过和安排过做什么、怎样做才能达到我们想要的死法呢？"生命智慧"工作坊给了我指引。

其实"生命"就是上天给我们安排的一个过程，来与去是不以自己的意志所决定的（除非你自己真正地去践行死），而这个过程是一个不以生为始，也不以死为终的永远不能再重复的过程。我们生命的每一天、每一个小时、每一分钟都是珍贵的，是不可再次拥有的。你不能控制你生命的长度，但你可以拓展你生命的宽度。有个故事我记得很深刻：有一个只生活了 17 岁的少年，他的经历、他的勇敢面对生死的态度让我们敬佩。在这个世上，有太多的人值得钦佩，但真正让我们钦佩的并非他们成功的现状，而是他们执著地向着目标跋涉时留下的那一串串艰辛、动人、闪光的脚印。换句话说，生命的过程才是最精彩的。当活着的时候，一定要努力去做、去行动，如：孝敬父母、关心尊重他人、热爱生活、珍惜自己、努力工作、时时感恩等等，"生命智慧"工作坊完整详尽地诠释了"活在当下"的真正含义，生命中所有的美丽、光荣、价值以及所有的艰辛、痛苦、悲伤等，都已经留在了你来时的路上，现在的"果"皆源于过去的"因"，而当下的作为必成为来日的"因"。来日的生命虽说不能自己掌控，但来日的"果"是当下自己种的"因"，这是我们每个想"善终"的仍然活着的人应该好好反思的。所以，我们应该要为自己的生命寻找一条明确的道路，千万不能怠慢了自己现存生命过程中的每一时刻。

🦋 改变自己　活在当下

如何践行自己现存的生命过程呢？自我改变！"生命智慧"工作坊重温了以下故事：在闻名中外的威斯特敏斯特大教堂地下室的墓碑碑林中，有一块没有姓名、没有生卒年月、做工用料一般，与英国王室、牛顿、达尔文、狄更斯等名人墓碑陈列在一起的墓碑，就是这样一块无名氏墓碑，却成为全球著名的墓碑。在这块墓碑上，刻着这样的几句话：

"当我年轻的时候，我的想象力从没有受到过限制，我梦想改变这个世界。当我成熟以后，我发现我不能改变这个世界，我将目光缩短了些，决定只改变我的国家。当我进入暮年后，我发现我不能改变我的国家，我最后的愿望仅仅是改变一下我的家庭。但是，这也不可能。当我躺在床上，行将就木时，我突然意识到：如果一开始我仅仅去改变我自己，然后作为一个榜样，我可能改变我的家庭；在家人的帮助和鼓励下，我可能为国家做一些事情。然后谁知道呢？我甚至可能改变这个世界。"

当听到这个故事的时候，我的眼泪已不能自控。

据说，南非前总统曼德拉年轻时看到这篇碑文，顿有醍醐灌顶之感，称自己从中找到了改变南非甚至整个世界的金钥匙。之后，这个原本赞同以暴易暴、填平种族歧视鸿沟的黑人青年，一下子改变了自己的思想和处世哲学，他从改变自己、改变自己的家庭着手，经历了几十年，终于改变了他的国家。

要想改变，必须从改变我们自己开始！

感谢"生命智慧"工作坊！感谢亲爱的导师！感谢共同分享的学员们！是你们让我真正认识了"生命"的含义、让我重新找回自己"生命"的意义、让我明白并开始去践行"善终"的各项任务。感谢我的父母、感谢我的家人、感谢我生命中遇到的所有人，是你们给了我已有生命中的一切开心、快乐，让我幸福成长；是你们给了我已有生命中的一切悲伤、痛苦，让我成熟长大。

在无常的世事变化中、在无限的时空流动中、在无尽的尘俗漂浮中，生命将如何度过？未来将如何安顿？虽然我无法告诉你标准答案，却可以为你指明方向。

昨日逝去，纠结后悔无意义，不溺过往；

明日未到，忧虑担心身受伤，不惧将来；

今日努力，因果关系渐呈现，不负当下。

母爱的正能量

刘旭

货讯通科技　运营及项目经理

第 21 期　深圳 LE 学员

对生命的反思是沉重的，有时甚至是残酷的。但是，直面真实的人生，却是必修的一课。

❧ 年少经历病痛，练就乐观从容

我刚出生不久，突如其来的一场疾病，让我差点就和这个世界说再见了。当我长大稍微懂事后，大人才告诉我这件事情，我当时并不觉得很特别，也没有在意，但它潜移默化地对我的生活造成了影响。相对于别人，我较早接触到生与死的问题，所以我一直都很乐观地面对困难，总觉得没有什么困难和痛苦能够比得上小时候经历的病痛灾难，淡定是我内心的自动模式。

❧ 慈母爱责分明，如明月伴我行

经过这次"生命智慧"课堂的体验，之前一直淡定的我受到了很大冲击，当"母亲离我而去"这一可能变得无比真切时，我又一次感受到命运的残酷。

在那一瞬间，我的脑海里不断涌现过去与母亲在一起生活的时光。记得许多年前，母亲一直无微不至地照顾年少体弱的我，一饭一汤，一针一线，无不透露着母亲的爱。在母亲慈爱的目光下，体弱倔强却乐观的我，慢慢长大。当我远在外地读书的时候，每每看到夜空中的明月，都会想到母亲慈爱的目光，给予我莫大的力量。

人总是担心失去珍贵的事物，以前我也偶尔想过，如果母亲离我而去，我会怎么办。每次一动这个念头，泪水就已经湿润了眼眶。幸运的是，在工作后不久，我就接母亲和我一起生活了，一家人一直其乐融融，甚是幸福。这些年来，虽然母亲对我很好，但不可否认的是，我在成长过程中，也会不时地惹母亲生气，她也理所当然地要责备我，指出我的不是。很奇怪，事情一过，母亲和我又恢复了以前的样子，我想这应该就是亲情吧，只要我和母亲心意相通，再大的问题都不是问题，再大的误会也可以化解。有时，我也会给母亲讲很多玩笑话，让她会心一笑。虽然母亲没有读过很多书，有时候甚至有些笨拙，但是她的心地却很善良，也明白很多道理，她真切的母爱总是在我最困难的时候给我带来正能量。一眨眼，这么多年过去了，有些事已经记不起来了，现在我唯一能做的就是让我母亲开心，陪她安度晚年，就算以后回忆起这段岁月，也没有太多遗憾。

每当我想起和母亲一起度过的那些时光，她总是能给我带来温馨与欢乐，我相信、也只愿相信，即使她真的离我而去，也会化作夜空中的那一轮明月，一直注视着我，给予我力量让我有勇气去面对所有的困难和挫折。

🦋 回顾拼搏岁月，因爱而成功

当我想到这些年来所经历的曲折和无奈，并且能够努力地克服困难时，我都会感到很欣慰。虽然不是说取得了很大的成就，但和以前的我相比，我已经突破了自己，也证明了自己的成功是来之不易的。现在回想起来，有很多时候都是在为母亲、家人或团队付出爱时而获得无穷的力量，这些力量支撑着我勇往直前，永不言败。参加"生命智慧"，令我印象最深的一句话是："不是等成功了才去爱，而是因为爱才会成功。"相信这才是母亲给我的信念和智慧。

以此句话照亮我未来的人生，感谢生命智慧，感谢我的母亲，您的爱永恒！

感悟生死，疗愈伤痛

周元婷

南方医科大学第三附属医院　体检业务主管

第 24 期　广州 LE 学员

从 2012 年听说"生命智慧"公益课程，到 2013 年 12 月我亲自走进课堂，历时一年多的时间。2013 年 8 月，好友夫妇两人曾一同参加了深圳的"生命智慧"公益课程，但之后却很神秘，不肯透露内幕和详情，让我对这课程愈发好奇。这一年来，我经历了许多无法穿越的痛苦，自身也成长了很多，但是"生命智慧"课堂给我内心带来的冲击仍然让我难忘，它让我彻底疗愈自己过往内心的伤痛，并开启真正的蜕变之旅。

医学无法解决的问题，生命智慧给我希望

我是一名护士，不过最初却是被迫选择"白衣天使"这一职业。我曾经在 ICU（重症监护病房）工作 3 年，在那期间，我内心孤独痛苦到极点，我不能接受几乎每天都要面对的死亡，特别是清明前后更是有很多无辜、不幸的生命因无法救治去到另一个世界，同事们每天都工作在重压之下，氛围也很紧张。谈到死亡的体验，我就不由想起我过往的工作经历，想起无数脆弱的生命，想起我在

ICU 工作接触死亡时，自己及周围的同事内心无法逾越的苦痛，我泣不成声。死亡为什么让人类这么痛苦？医学真的能拯救人类吗？究竟怎样才能减轻那些失去亲人的人的伤痛？怎样才能让病人离开人世时能够摆脱恐惧，平静地面对？我该如何走出自己的苦痛？伴随着这些疑问，在课堂上我十分投入。每个环节我都主动分享自己的感受，在他人的体验和经验中我再次感悟：死亡带来的痛苦一方面是活着的人无法面对自己的内心痛苦，无法面对对死去的人那份依恋和关爱不足导致的内疚感；另一方面则是即将死去的人无法面对自己无法释怀的人生，没有实现的人生梦想和个人价值。医学能拯救人类的生命是有限的，当今的医学拯救的只是有限和有形的病人的躯体，却无法让人的心灵得到医治和解放。人的躯体都是千差万别的，更何况人的心灵啊！每个人的心灵都是一个宇宙，在社会日新月异发展的今天有没有可能让每个人的宇宙都觉醒？"生命智慧"课堂给了我希望和灵感。

课堂唤醒了我内心的那份觉知：人究竟为什么活着？当你的生命所剩无几，你会选择怎样度过余生？你这一生中最重要的东西又是什么？是的，我不甘心就这样死去！我可爱的孩子，我的双亲，我的梦想，我的爱。我这一生值得了吗？不！不！我不能现在就死去！我要改变我自己，我要尽我的所能让爱我的和我爱的人生活得更好！我要我的人生不一样，我要活出属于我的精彩人生！我不甘心就这样离开这个人世。

🍂 打开心结，走出原生家庭的伤痛

谈到最爱的人的离世，我开始泪如雨下！

我的原生家庭一直留有时代的烙印和祖辈政治的阴影，我出生在一个没落的官员之家，父亲从小都生活在祖父的政治阴影和斥责中，不被丈夫疼爱的祖母又对父亲十分溺爱，这两种极端的教养方式让父亲一直不能担负家庭的重任，也使得母亲在婚后操劳半生。而我耳闻目睹了家庭的衰落和社会的变化无常，看到了母亲的坚强、操劳和辛苦，所以很小就立志：一定要改变整个家族，一定要走出社会和家庭政治的阴影出人头地！一定要改变自己的命运，不像我的母亲那样沉重地活着！我从儿时起一直都是三好学生、乖乖女，父亲很宠爱我，觉得我懂事；18 岁卫校毕业就进入当地最大的附属医院工作，这让父亲满是欣慰；23 岁那年，因为儿时的梦想，加上讨厌医院的工作环境和护士不被认可、不被尊重、没有成就感的工作，我不顾父亲的反对，一个人南下，但苦于他强烈反对改行只好又走进医院继续干着我不喜欢的护理工作。我总是在想，如果当初不是父亲粗暴的教育，如果当初我没被迫安排去学医，也许，我今天不会这样痛苦：感情生活不顺利，事业不顺利，我仍然活在痛苦中不能释然。所以这么多年来，我和父亲的心结一直没解开，我无法原谅他对我的教养方式，他也无法原谅我不辞而别远走他乡。

直到 2012 年，父亲被查出了恶性膀胱癌，我才伤痛至极。学医的我，在大型三甲医院工作十余年，抢救了无数的生命于垂危边缘，也经历了许多生死场面，而当得知自己的父亲患有恶性肿瘤，我的内心脆弱痛苦到极点。从小父亲那样爱我、疼我、以我为骄傲，我不知道该怎么面对父亲，我不知道怎么让他接受手术和癌症这个事实。那一刻，我暗自庆幸自己是在不喜欢的医疗行业工作，或许我学医便是上天冥冥中注定要还给父亲的养育之恩。尽管他不是一个很负责任、有担当的男人；尽管十几年来他一直在生我的气，我们的关系也一直疏远；尽管他当初用了粗暴的方法教育我的不懂事，可他依然是我亲爱的父亲，爱我如生命、与我血脉相连的亲人！我想尽了一切办法让父亲接受得了癌症这个事实，并且告诉他这只是早期癌症，经过手术是完全可以治愈的。我找到全国最好的泌尿科医生，动用了所有的资源和能力。手术和恢复的过程并不顺利，在我最无助的日子里，是我的先生一直陪伴在我身边，床头床尾照料着父亲。如今父亲手术后已经整整两年了，生活质量与手术前没有太大的区别，感恩上帝的眷顾，让他还算健康地活着。

我又想到了我的母亲，父亲年轻时对家庭几乎不愿意负什么责任，她一人担起所有重负，赡养三个老人直至终老，抚养一对儿女直至成家立业，待父亲犹如母亲对儿子般溺爱。想起母亲半生的操劳，想到母亲可能离世时，我的泪水一阵一阵汹涌而出，整个人泣不成声。作为父母，他们只是希望我们平安、健康、幸福地活着，这就足够了。想着母亲，又念起父亲。是的，我也该原谅父亲了。如果当初父亲没有那么幸运地查出早期癌症而真的到另一个世界去了，我们还有机会说"对不起"吗？

课程结束的当天晚上，我给父亲打了电话，我们聊了整整一个多小时。谈及他的身体状况，他对死亡已经很淡然了，说："我现在活的日子都是赚的。你妈对我也很好，这一生我很知足了，有很疼爱我的老婆，有一对健康懂事的儿女。现在我每天都过得开开心心。"确实，在手术台上、在病床上经历了三个月生死的考验，父亲变得乐观很多，对身后的事情也想得很清楚了，有时虽然话不多，但我知道他也在思考自己的大半生。一个经历过死亡体验的人，对生命一定会有不一样的感悟。

春节回家，我特意陪父亲聊了两个晚上，以前从未说过的话都说了，虽然家里发生了一些不开心的事情，父亲还是很欣慰，父女之间前嫌尽释。我第一次真正理解了父亲内心深处的想法、恐惧及一辈子的伤痛，也完全原谅了原生家庭对我造成的伤害。现在我与父母的关系更好了，每当父母之间或者他们与兄弟之间发生矛盾时，我都会两边劝慰直至和好。

很幸运上帝让我在经历了生命的痛苦与磨难后结识吴导，走进"生命智慧"课堂；感谢"生命智慧"，给了我不一样的人生体验，让我从过往的种种伤痛和无法释怀中走出，遇见更好的自己。"生命智慧"让我从此走上了个人心灵成长之路，感悟生命、与爱同行！

请用爱来守候彼此

彭湘宁

苏州工业园区爱助生命品格发展中心　理事长

第 25 期　上海 LE 学员

一切矛盾、纠葛与怨愤都因为爱得不够深，不够纯，不够有智慧！

时间渐行渐远，距离让我泪腺崩溃的 2014 年 3 月 2 日已过去 24 天了，这些天我一直在时断时续地记录着我内心的变化，我的心在时刻告诉自己：你需要静下心来，远观那两日的生死体验，这样才可让自己真的能穿透死亡的迷雾，在生命的最深处与自己的灵魂相遇！

走进"生命智慧"课堂的前一天，我阅读了吴导的《生命不应有边界》一书，开始对课程有了初步的了解。当即决定把这堂课作为自己的生日礼物。我一直对生命教育非常感兴趣，这兴趣可能源于我在做自我探索时，常常要面对"生命的意义"以及"死亡的恐惧"这类的问题；而现在，生命教育的问题又因儿子常常提问重新出现：父母应该如何向孩子解释"死亡"这个名词，以及如何教会他面对身边各种各样的生老病死？

课程开始不久后，我发现这堂课不仅是让我们学会如何面对死亡，更是教会我们如何面对生命的意义！死是毫无悬念的，而生活中的问题却层出不穷。以终为始，反观当下的人生，竟蓦然发现许多问题的答案就那样清晰地呈现在那里。

3月1日下午，看着镜中泪奔的自己，发现我好久都没有疼爱过这个生命中唯一的旅伴了。在大部分的时间里，我毫无节制地使用自己的身体，没有合理的三餐，没有规律的作息，没有明确的健身计划……虽然在如何自处以及认真对待自己的内心这两点上，我一直在做着努力，但内心总还是有来自于幽深潜意识的暗潮涌动。如果总是回避它们，它们就会在我们最意想不到的时间，按下我们情绪的按钮，让我们不得不直面它们！如果愿意面对，并真诚地去了解它们，它们就会卸下伪装，让我们得到真正地成长！而爱自己让我看到了自己，并对自己的内心道出了爱的誓言！

一直以来，与母亲的关系是让我感觉最难处理的部分。爱？恨？委屈？愤怒？悲伤？压抑？总是剪不断理还乱……在心理剧的课堂上我坦陈过，在婚恋成长课程中我试着宽恕过，也试图用其他方法分析过，但都没有走出长久以来的爱恨情愁。同样，在此次培训开始写课程期待时，我仍把梳理与母亲的关系作为了重要的目标，但只是抱着随缘的心态，可就在这不经意之中，我竟然找到了打开我与母亲心门的钥匙！

在"生命智慧"课程的体验环节，耳闻亲人的呼喊，却无法用言语回应，只能任千言万语在心底流淌。令我惊讶的是，对"老公"与"儿子"回应都在预料之中，但当我回应母亲时，一句从来没有想到过的话喷涌而出："妈妈，我走了，下辈子我来做妈妈，我会好好爱你的！"随着这话一起喷涌而出的是我的泪水！电光火石间，我领悟了我长久以来仅停留在理智层面的东西！我一直告诉自己，母亲对我那令人窒息的爱与管教方式都与她的成长经历相关，我不能苛求她，我要原谅她……可当我被谩骂、被伤害的那一刻，总会有一些话在我内心泛起，为什么她不会改变啊？为什么她永远觉得大家都对不起她？为什么她的情绪与话语总是负面的？……为什么我没有一个能好好爱我的妈妈？我在厌恶她时，仿佛都能看到从她房间里冲出来的浓黑的怨愤之气！因为对她的种种不满，我逃离家门，并抗拒生子；生子之后又一直无法摆脱那种无奈后的压抑与愤怒！而直到这一晚的这一刻，我才发现我的心底竟是这样地爱着她！我爱着她！仅仅是深深地爱着她！

体验后听着大家的分享，我的心又一次被打开：对啊，为什么要等到下辈子?！我这辈子就可以好好地爱她啊！心念一转就是行动，下课之后我立刻拨打母亲的手机，只是因为时间太晚，她的手机已关机。于是我又写下了其他的行动计划，其中最为重要的一条就是，我一定不会再抱着应付的心情接听她的电话！如果我没有时间也会坚定而温和地告诉她，而不是在一边接听一边怪她不懂事，不理解我工作生活的压力！

因为相隔太远，我目前无法做出更多的实际行动表达我对她的爱，唯有电话中的态度是我最容易呈现在她耳畔的东西。在这24天里，我们通过8次电话，有长有短，我做的仅仅是让自己柔软下来，在她需要被倾听的时候专注地听着，并告诉她我爱她，心疼她！曾被我认为是冥顽不化的母亲的变化竟是那么的明显！以前她要么像男人一样粗暴简单，要么捏着嗓子故意发出令人匪夷所思的嗲声，如今她的语调越来越柔和，她甚至说起了她一直不愿意让我们了解的生命过往。以前我知道她是孤儿，但是她拒绝跟我们说起她的家人，就像她与她唯一的弟弟从来没有过联系一样，我们家是在没有任何母亲方亲戚的状态下生活着的。一日，电话中母亲在我的引导下谈起了她的父母亲，她说她妈妈去世时她4岁，她隐隐约约记得有个人躺在门板上，别人说那是她妈妈，死了，她拒绝了人家让她去叫妈妈的要求。她还告诉我后来她从来都没有想过她父母，因为"想也没有用"，人家呼天抢地时说的是"唉呀，我的妈呀"，而她却只是说"唉呀，天啊"，因为"我不会叫妈妈"。她对毛主席非常崇敬，因为她是国家养大的，但她拒绝别人说她是"孤儿"，她说她"还有奶奶和姑姑"，可她从小学就开始住校，连过年也是在学校；有一次她患了非常严重的痢疾，因为她没有和任何人说，自己硬挺着，差一点就没命了。初中毕业时，她把年龄改大了5岁好去上班，她唯一强的就是学习好……因为她得靠自己。这是怎样的一种境况！在我敲击键盘时，我的泪水又一次喷涌而出！我能感受到一个4岁母亲病逝，9岁父亲病逝，奶奶仅养活了她的弟弟，而没有管她的女孩心中对亲人"不要她"的怨恨。在电话那一头，她说她从来没有感受到爹妈的爱，在看似无所谓的语调后面是多少的悲伤！听到这些，我立刻冲口而出："妈妈，我心疼你！我不想让你受这样多的苦！"她反过来安慰我："我没事的！都是过去的事了，今天瞎提提！"如果是以前，她会说上一大堆抱怨的话，怪这个对她不好，那个对不起她，而这次是她来安慰我，只因她被听到、被看到、被爱到了。

是的，爱，相信！倾听就是爱，爱中有奇迹，而这两天一晚穿越了生死而来的爱会让我们更相信并更愿意善待自己与别人的生命！更珍视今生我们的相遇！在这一世，仅在这一世，我们遇见了彼此，让彼此成为了生命中重要的一部分，无论是母子，父子，夫妻，朋友……都请用爱来守候彼此！一切矛盾、纠葛与怨愤都因为爱得不够深，不够纯，不够有智慧！

今天是马航 MH370 失联的第 19 天，我们再次感慨生命的无常！面对必然的死亡，我们只有活好存在的每一天，只有这样，当死亡来临时，我们才能对它露出无憾的微笑！

生命智慧，喜悦相随

杨春艳

圣元国际产品总监

第 26 期　北京 LE 学员

　　我曾经以为"生命智慧"这个主题离我很远，一方面自以为可参透一二，另一方面觉得自己还年轻，还有大把的时间去慢慢领悟。然而意外总在不经意间，这份上天赐予我的意外礼物，令我走进了"生命智慧"课堂……

　　2013 年 1 月 20 日，漫天雾霾的北京格外阴冷。我如约排队等候 B 超检查，心情沉重，有种说不出的不安。医生仔细认真地替我检查时，直觉告诉我情况很不好。我问医生最坏的结果是什么，她只是建议我尽快找主治医生沟通，有可能要做手术！

　　当时我一句话没有说，看了两遍结果便收起来，也没有去找主治医生，独自沉默地走出门诊大楼。走出室外的那一刹那，我双手插在口袋里，心收得紧紧的。仰望满天的雾霾，我想问老天为什么这么不公平，在我最好的年纪、最好的人生和我开这种玩笑。但我始终没有流泪，一滴都没有。

　　后来的 3 个月中，我正常上班，定期检查。直到手术前的一周，不得不入住医院时，才真切感受到这回是来真的了。既然人生中很多事无法避开，唯一能够做的只有选择面对。被推进手术室的那一瞬间，我留下了眼泪。不管一个人多坚强，总是需要一个出口，特别是面对生命挑战的时候，特别是面对比伤痛更深刻的别离时……

惊喜也总是意外出现，手术的结果相对理想，雾霾过后总会有晴天！

2013 年 6 月，一个雨过天晴的下午，我以学生的身份给吴咏怡企业教练发了第一条微信，她用智慧、坦诚和豁达的力量点醒我之后的选择，人生就这样改变了，我走进了"生命智慧"的课堂……在这里除了领悟多彩的人生外，我认认真真地想明白了一个道理：人生除了生死以外，其他的都是小事！

这段经历距离现在已经有 1 年多了，在这并不漫长的时光中，我经历了很多，也思考了很多。借此机会与每一位生命中遇到挫折的有缘人分享，希望这点光芒在你需要的时候可以有一丝的温暖。

🦋 好心态

每个人的路都不会一帆风顺，面对同一堵墙，有人绕着走，有人放弃了，但也有人去面对去想方设法翻越阻碍。现今恶性疾病患者越来越多，对应的理论各式各样，药物亦五花八门。但我越来越相信，多高明的医生、多名贵的药物，都比不上你自己的好心态。你才是自己的解药。就好像我们在职场拼搏，越往前走就越会发现，辛苦的工作、难题与障碍，其实都不是个事儿。真正重要的是自己的心力，过了这关，路一定就通达了。

🦋 好行动

战略上藐视，战术上重视。面对强大的敌人时，不仅要有不太当回事的心态，还要有好的行动。2013 年 7 月至今，我一直以素食为主，同时每天早起喝300mL 以上的果蔬汁，保证充足的睡眠，早睡早起，让自己的生活进入最规律的状态，说起来简单，但若心中没有这份坚持，这件事做起来也不容易！

行胜于言，一件事能做好，坚持最重要。虽然现实看似"很温暖、不残酷"，但意外总会在你最放松警惕时点醒你，凡事必须全力以赴。

❀ 当下喜悦

写下"当下喜悦"这几个字的时候，我感受到尽管自己在努力修行，但离做好还很远。我也终于明白了一个道理，成人的烦恼都是自我的衍生品。很多时候控制不好，其实是因为经历多了、感受多了、想多了，生出种种困惑。

不断地挣扎、领悟和反思后，我给自己一个谦卑的结论：人的圈子越大，外延越大，越觉得自己渺小，也就越谦卑。有了谦卑的态度，很多事自然就淡了，一切也就简单了，简单才能快乐！

如果问我"生命智慧"是什么，我一定说：当下喜悦和内心富足！

我十分相信缘分，也相信吸引力法则，你若选择美好的方向，美好就一定选择相随！

每一颗流出的眼泪都是感恩、都是爱

房昕

深圳市壮盈自动化机电设备有限公司　总经理

第 28 期　深圳 LE 学员

困惑中，踏入"生命智慧"

　　走进"生命智慧"课堂之前，我有过动摇，借口很多：很忙、很累，女儿需要我，不敢面对"死亡"这个话题。但最终我参加了，理由也有很多：吴咏怡导师的魅力在"勾引"我，"生命影响生命"的公益理念在召唤我，这些都像是一份精神契约，拉扯着我一定要报名不可。

　　和大多数同龄人一样，我有着努力的读书岁月，拼搏的工作经历和正常的婚姻生活。我是一个别人眼中的励志大姐姐，无论是 8 年光鲜的外企工作经验，12 年创业的辛酸拼搏，还是一直为孩子亲手做早餐的坚持，别人眼中的我永远充满了正能量。但是，面对自己，我知道有很多问题：不接纳自己，抱怨老公，对孩子过度照顾，与家人的关系时好时坏，对工作缺乏激情。有很长一段时间，身体亚健康，充满疲惫，内心却还在留恋青春的活力和斗志；精神亚健康，眼神无力，头脑仍活跃着年轻时的激情和幻想；公司亚健康，停滞不前，人员老化，团队战斗力不强，业绩下滑；家庭亚健康，生活重心全部在孩子身上，夫妻关系冷淡；自我亚健康，岁月无情加重了责任和包袱，却忘了自我。

🦋 对话间，感悟生活真谛

在课堂上，我开始认真地与自己对话，看着镜中的自己，我很心疼："为什么没有善待自己？为什么把自己搞成这个样子？"我仔细回忆那个曾经青春飞扬、活力四射的自己，那个充满梦想、努力前行的自己，时间都把她们带到哪里去了？

我最爱最在意的人是我的先生，但课程中，鬼使神差一般，我越在意他，就越会在各环节体验到"爱已逝"的恐惧，然后便是痛彻心扉的大哭。我回忆了与先生的第一次见面，那一天他穿的衣服，戴的眼镜，眼中的温柔，口中的话语，一切仿佛还是昨天，仍历历在目，时间真的冲淡了彼此的爱吗？

终于，在体验了一次次的心灵冲击后，我痛哭流涕；在与同学和导师真心、坦诚的交流分享后，困惑也被一一打开。

1. 卸下面具，让别人看见自己，即使是脆弱的一面：真正接纳自己的不完美，才能真正面对、放下和再出发。我的人生重心排序应该是自己、先生、孩子、父母、家人、朋友、同事。好好照顾自己不是因为自私，更不会因此而忽略了其他人，反而是照顾好自己才有更大的能力、更好的情绪、更佳的状态来照顾别人。

2. 全心全意地爱，不求回报：生活中经常说"我爱你"、"谢谢你"、"原谅我"、"对不起"，全心全意地去爱，你一定不会后悔。我和先生已多年不再说"我爱你"，我则有很长时间把孩子放到了生活第一位，忽视了自己也忽视了先生，再去触碰心中最柔软的那个点，面子上有点放不下，行动前有很多假设，其实"I Love You"就是那么简单。课后的当晚我对先生说"I Love You"，他当时有点诧异，笑笑没回应。第二天先生去香港开会，特意买了我念叨了十年却舍不得买的幺凤话梅，还有一瓶即食燕窝（上一次他买燕窝送我还是20年前，当时一盒白兰氏燕窝花了他十分之一的月工资）。原来他还一直把我的话放在心中，爱从未离开，只是我忘了好好唤醒它。

3. 带着一颗感恩的心，即使在最恐惧的时候：再靓丽的人生，也经常会出现恐惧，恐惧青春消逝，恐惧梦想幻灭，恐惧身体生病，恐惧爱情变淡，恐惧财富变成泡沫，恐惧别人指指点点。常怀一颗感恩的心，感受生命脆弱的同时，相信我们已经做得足够好了，这样我们会停止抱怨，开始倾听，我们会对周围的人更和善，对自己也更宽容。

🦋 反思后，收获感恩与珍爱

这是我第一次深入接触"死亡"这个话题，对这么恐怖的事情我一向都是回避的。妈妈 12 年前被诊断为癌症时，那是"死亡"最接近我的一次，当年的我鼓励妈妈振作和勇敢，提供一切物质和陪伴支撑，却没有和她一起直面死亡。幸好妈妈挺过来了，如今身体健康。

来到"生命智慧"，我第一次明白，原来"死亡"是可以准备的，我们能做的，不是消极的等死，而是积极的准备，生命影响生命。日益富裕的时代里，我们已不需"刘胡兰"式的为国捐躯，或是"1942"式的忍饥挨饿，我们有机会、有能力去追寻自己的生存价值，人生的真谛！

这是一个神奇的课堂，吴咏怡女士是一位透视心灵的导师，助教团是一群爱心天使。这里没有华丽的理论、哗众取宠的故事或是刻意煽情的场景，只需你带着真心实意，对自己进行觉醒与反思。

而对我来说，两天的课程实践让我的精神学习收获很多，其实，不管你带着什么样的目的，什么样的情绪，什么样的期许走进"生命智慧"课堂，只要你勇敢放开自己，认真思考人生，与导师和学员们一起在两天里"出死入生"，你就会收获不一样的自己。这两天，我流下了很多次眼泪，但每一颗眼泪都是感恩，都是爱！

感恩遇见你

高晓虎

四川外国语大学体育部　网球教练

第 30 期　重庆 LE 学员

写于学习"生命智慧"课程后的第 16 天。

❁ 迷茫中求解

我一直很努力，从来没有停止过追求幸福的脚步。读书时忙于升学，就业后忙着升迁，期间甚至返校进修读研，生活稳妥之后，孩子教育、家庭琐事又不时地冒出新问题。不安、焦虑总是如影随形，时常感觉人生就是为了一个个焦虑不完的事情，生活没有想象的那么简单。尽管"奔四了"，偶尔身心疲惫、独处时，我依然觉得很迷茫，自己活着的意义到底是什么？

朋友告诉我有个叫做"生命智慧"的公益培训夏天要来重庆开课，她自己之前参加过，受益良多，因此推荐给了我。这次是这个课程第一次到重庆，机会来之不易，出于对朋友的信任和对课程的好奇与期望，我同妻子都报名参加了这次学习。

🦋 将感悟落地

短短两天的培训中，全国各地赶来的助教让我见识了什么是真正的纯粹。一群非常有爱的人聚在一起，用自己的行动把爱传递下去。整个课程对我来讲就像武打小说的情节，突然有位高人将几十年的功力传给我，虽然我还没有融会贯通，但这股真气在体力乱窜，感觉全身充满能量，急切想要爆发，整个人的精神处于超兴奋的状态。

我敢肯定，有一种力量触碰到我的灵魂了，使得我浑身充满斗志和力量；而这种力量之大又让我怀疑它的真实性和持久性，于是我有意没有立刻写下自己的感受和体会，因为担心那纯属自己一时的冲动。

培训结束后，我开始自然地遵从我的内心，去做自己觉得真正该做并且有意义的事情：我回了趟老家，陪在长卧病床的爷爷身边，认真听他讲着过去的故事。爷爷脸上幸福的笑容让我永生难忘；我和家人都做了一次坦诚、彻底的沟通，我突然发现自己的沟通能力增强了，心门也被打开了，原来生命真的可以影响生命！我有意关注自己的行为和想法，确切地说，每一天，我的脑海中都会浮现课堂中的某些体验情景。这时我确定自己确实被深深影响了，我给自己在此次学习中的收获定义为：一次里程碑似的成长。

妻子的变化也很大，培训结束后的第二天她一大早就和我分享，她和父母沟通的态度与以前相比发生了明显变化，就像她的学习体会一样："幸福其实很简单，就是和相爱的人在一起，其他都是次要的……"

我们长期接受的家庭教育、学校教育、社会教育不停在教导着我们如何去获取成功，但这些所谓的成功都是别人定义的，我们活在别人的框架里，追求着别人所谓的成功和幸福，而当自己身心疲惫的时候就会感到迷茫和无助。而现在，通过全方位的了解死亡，认识死亡，我开始对活着有了一些全新的认识，也似乎读懂了一些，更加注重自己内心真实的感受以及自己的行为对周围的人产生的影响。珍惜当下，体验当下，找寻属于自己的那份平衡而幸福的生活。

感谢芳芳，因为你，我和爱人才有机会经历这样一次彻头彻尾的成长；感谢吴导，你是我灵魂的导师，我会用行动追随你指引的方向；感谢助教团里每一位有爱的助教，你们是我学习的好榜样，从你们身上我看到了以后的自己；感谢"爱·相信"，用纯粹的爱影响着越来越多的生命，希望你早日再回到重庆！

豁达面对生死

曾臻

猎萌科技　联合创始人

第 32 期　广州 LE 学员

很久以前我就有写日记的习惯，在日记中"豁达"这个词频繁出现，这正是我希望自己能拥有的人生态度。但是，对"豁达"有深入的思考还是来自"生命智慧"课堂上一个同学向吴导的发问："怎样才算豁达地面对自己的生死?"

吴导用八个字诠释了面对生死的"豁达"——"尊重、接纳、珍惜、感恩"。精辟至极!

❀ 尊重以死为终的客观规律

人的一生以出生为起点，以死亡为终点，这是亘古不变的自然规律，遗憾的是中华民族的传统文化让我们大部分人忌讳谈论这个谁都无法回避的结局。于是我们欢天喜地迎接新生命的到来，却哭哭啼啼手足无措地送走逝者，面对自己的死亡更是无法直视，不想、不敢、不谈。

尊重就是直面真相，不回避。无论家庭与出身，都要尊重这个客观事实，并且明白每一个人都是独立的个体，不因父母富贵而任性懒惰，不因出身贫贱而自怨自艾。在看待自己走过的人生道路时客观、理性、自省。我想这是对自己的生命尊重的态度。

❧ 情感和行为共同接纳

人在有了客观、理性的自省后容易责备自己做得不够好，陷入一种负面情绪中不能自拔，这是情感上的不接纳。然而带着不原谅自己的怨念，又如何精彩度过一生呢？行为上的接纳则更不容易做到，对死亡的接纳就是要做好准备，对自己的身体、对医疗的态度，对家人的叮嘱，对自己心愿的了结等。这是知识性的问题，我们要行动起来，才真的算是行为上的接纳。

❧ 珍惜每一个当下

都说人生苦短，而意外随时可能发生，珍惜，就在每一个当下。珍惜当下，即不过分沉湎过去亦不过分忧虑将来，过好每一天，做好每件事，往内看，不抱怨，对自己的生命负责，对自己的选择负责。乔布斯说："把每天当作生命中最后一天。"知易行难，难就难在克服我们的"懒"。把心打开，与自己对话，解开束缚心灵的负面情绪，才能找到内心源源不断的动力源泉。都说80后是"抱大的一代"，我们的优势是足够的关爱让我们获得了安全感，劣势是不习惯主动规划人生。小时候被父母呵护，进学校后被老师鞭策，入了职场又被老板安排。如何变被动为主动，是我要认真思考的话题。

❧ 感恩要善于表达

据说，"谢谢你"、"对不起，请原谅我"、"我已经原谅了你"和"我爱你"是人们在临终前向深爱的人说出的最重要的四句话。这样简单、直接的话，为何要等到死亡来临才被想起？为何不在平时多说？为什么我们可以对陌生人说出这些话，却忘了向最重要的人去表达？因为不善于表达？因为放不下面子羞于开口？还是因为认为太亲近，所以一切可以心领神会？这四句话表达了谢意、爱意、歉意、接纳过去及一切。让我们把每天当作人生最后一天，天天把握机会去说出来，为自己及他人在生命中的每一天留下美丽的回忆。

以上是我对"尊重、接纳、珍惜、感恩"这八个字的解读，也许不够深刻、不够全面，但随着生命的推进，我还将不停思索、持续解读，用自己的实际行动去赋予这八个字更多的内涵。追求豁达面对生死的态度，是可以穷其一生去做，并一定会获得回报的事情。正如吴导所说："不是不好，而是要更好。"这句话将时刻激励着我去践行更好的人生！

我庆幸，我选择了幸福

陈启容

上海嘉定乐购生活购物有限公司　培训经理

第 32 期　广州 LE 学员

2014 年 9 月 20 日，在第 32 期"生命智慧"课堂上，我的内心被一次又一次地冲击着，感觉自己几近崩溃。虽然内心不停在告诫自己，要坚强、理智地去面对和处理问题；可是汹涌的情绪不受控制，也无法预期。撕心裂肺的痛让我周身不适，头痛、胸口抽搐、眼泪止不住往下流、喉咙哽咽、全身冒汗、坐立难安……一整天过去了，我还是觉得很累，很累。

但能够参加这个课程，我真实地感到，自己是幸福的。

"善生"，是我们这个年纪的人最常谈起的话题。我们谈论如何让生活与工作平衡、如何保持身体健康、如何与子女共同成长、如何与家人相处、如何处理人际关系，谈论这些的时候，我们总会加上一句"活在当下"。但是很多时候，这些概念，却反而让我们更加肆意妄为，不受节制，觉得这样方才不会后悔，不愧活在当下。

面对工作时，我们总是用付出与所得的标准去衡量；面对生活时，我们不停去追求物质满足欲望；面对健康时，我们总是说得多做得少；面对子女时，总觉得孩子还小，很多话等他们再大点再说；面对家人时，我们总是想办法去影响他们让他们改变，去让他们接受我们自以为正确的理念与生活方式；面对人际关系时，我们总是从别人对自己的态度去界定关系的亲疏远近，去决定自己对待对方的态度。

如何"好死"，我们却很少谈论。我不停地在脑海中搜索过往对于"死"这个话题，我谈论过什么？现在想来，我们是用谈论八卦新闻的方式谈及他人的死亡：谁过世了，家产多少，子女分多少，会有纠纷吗？年纪多大，家人怎么办，子女教育怎么办？谈论过后，不禁感到无奈、惋惜……

当我未走进第 32 期"生命智慧"课堂时，我心里有两种态度在不停地博弈。

一种态度是，我不想参加这类型的课程，原因如下：

第一，心里抵制谈论这个话题，"死"这个字任何时候我都不想听；

第二，道理谁都明白，我都可以给他人说上几小时；

第三，我不愿面对沉重的氛围，这让我很不舒服；

第四，我还年轻，现在没有必要谈论这样的话题，以后再说。

另一种态度是，我需要这个培训，我已经制定了清晰的目标，并且这些目标对我很重要。

1. 正视死亡

我害怕死亡，从来不敢正视过世的人，哪怕是照片，哪怕是我的奶奶。很多时候我在猜想，是不是因为儿时受过惊吓，所以自己才无法走出对于死亡的恐惧。一想到亡者，我能感到自己整个人都是僵硬的，满脑子都是黑暗、冰冷、恐惧、狰狞的画面。直到现在，我连独自面对黑夜的勇气都没有。

2. 面对亲密的人的死亡

我也没有经历过最亲密的亲人或朋友的离世，所以面对死亡事件时毫无经验，毫无心理准备。其实我心里怕得要死，压力很大，我不知道如果我最亲密的人突然离世，我会变成怎样？我能走出痛苦并且坚强幸福地过下去吗？我具备这样的能力吗？

3. 帮助他人

因为没有至亲离世的经历，有时我无法理解他人在亲人离世时的情绪、状态以及行为。心里甚至会不屑：至于如此吗？这样做有什么用？他应该做正确的事才对。我觉得自己是很理智，很现实，觉得他也应当这样，要不然没有办法能够帮助到他。可真的是他们想不通，无能为力。

4. 为自己做准备

我没有想过如何为自己的死亡做准备，也不知道如何做准备。就像大多数人一样，我觉得死亡这事没有人能够预料，也就无法为这事做准备，也侥幸觉得这事离自己至少还有几十年，现在做这事完全没有意义。同时，死亡这个不受欢迎、人人避讳的话题，大家都不会主动提及。

真的很庆幸，最终我没有选择逃跑。当我体验爱人离世时，我感到痛彻心扉，不停哭泣。但突然间，我不哭了，因为我想到了先生对我说："不要哭，哭不能解决任何问题。"想到当初，因为我先生的正直、善良、宽容、豁达、上进、质朴，让我毫不犹豫选择与他共度一生。十年来他对我的体贴、宽容、爱护、支持、帮助、鼓励、与我心灵上的沟通，让我觉得我真的很幸福。我们是深深地相爱，因为我们的心灵相通。我们还有好多好多的事情要一起做，我们还很长很长的路要一起走。

因为我没有逃跑，我想通了两件事：

第一，"未知死，焉知生"。

自己都没有想明白死，怎么可能好好地面对生活，珍惜当下？要好好想明白，首先要真正地从身体、关系、心灵上去接纳死亡，这样才能处理好与他人的关系，让我与我关心的人积极、正面、微笑地面对一切。这样也才算是对己对人了无遗憾了。回来的当天，我就与我老公谈论了这个话题，并且计划元旦回家时尝试和妈妈谈论这个话题，也许可以谈到能否先给她把墓地买好。

第二，"生命的广度需要不断地拓展"。

我一直认为自己正直、积极向上地面对生活、面对工作、面对家人与朋友，我制定的目标也在一步一步地实现。可是，现在我很清晰地了解到，这些还远远不够。我想做的很多东西，还没有被考虑到。我需要重新去好好定义我自己生命的广度，我要不断地拓展我生命的广度。

感谢"生命智慧"课程让我收获幸福，我希望能加入"爱·相信"义工的团队，与更多的参与者一起去聆听，去分享，让更多的人尽早感知到这份智慧，同时也减少那些不必要的伤害。

庆幸我的生命中有这样一个你

邱洋

深圳市职工国际旅行社有限公司　负责人

第 32 期　广州 LE 学员

　　我们的矛盾可以追溯到我出生时。他大我 4 岁，很不情愿接受我来到这个世界的事实。他总是歪着小脑袋仔细盯着床上的我看，没事儿就悄悄转悠到床边拿小手指戳我的脸，揪一下我的手或是揉乱我稀疏的头发，嘴里还嘀嘀咕咕地不知说些什么。妈妈给我喂奶的时候，他也会趴在旁边看，还会用手指戳我的嘴，很不情愿地说："我不喜欢她，她长得那么丑，不要给她喝奶。"

　　他就是我的哥哥。可能因为他从小就比较"排斥"我，在我稍大点儿的时候，看着别人家的小孩都跟在自家的哥哥姐姐屁股后面玩，我就很羡慕，也想跟他玩，但是他从来不带我，偶尔硬是跟着他，他总会想办法把我甩掉。别的小孩受了欺负以后总会说："好！你等着，我找我哥去！"而我只能眼巴巴地看着，我不敢去惹谁，我没底气说这样的话，因为那个时候，我哥哥才不会帮我。

　　记得小时候和楼下的一个小男生坐在一起吃饭，他的碗里有一块鱼，他一直砸吧嘴巴，故意夸大咀嚼回味的吧唧声。那时我家里条件不好，每个星期能吃到一次肉末就很不错了，吃鱼这种好事更是想也别想。我的晚餐就是碗里奶奶简单烹炒了的豆渣。当时我眼睛直勾勾地盯着那个男生的碗。哥哥叫我不要再看了，自己吃自己的。说了一遍、两遍、三遍，我都没有理会，眼睛一秒钟都没有离开过那道佳肴。那个男生也更加嚣张，摇头晃脑地吃起来。这时候哥哥忽然站起来，抢走我的碗，吃掉我的晚饭，大声地训斥我："你那么不喜欢吃，就不要吃！"一旁的小男孩得意地哈哈大笑，哥哥伸手就把他的碗打翻在地，鱼也掉在地上了。后来因这事哥哥免不了被妈妈一顿痛揍，揍完之后他看我的眼神比以前更"凶恶"了。我好怕好讨厌他。

夏天快到的时候，院子里的小孩都在玩肥皂水吹泡泡。看着我眼馋的样子，哥哥居然答应和我一起吹泡泡玩。"我去弄肥皂水，你去拿剪刀，那个门后面有管子，你剪两根，一会儿咱俩一起吹。"我听后乐得屁颠屁颠地跑回屋里拿剪刀。剪刀是拿来了，可管子太硬，我根本就剪不动。我哥见到后说："你笨死了，这个都剪不动，你拿好，我捏着你的手借给你点力气。"那时候我觉得他简直是太厉害了，连力气都可以借给我。我就一手拿管子一手拿剪子，等他一用力的时候，我没有拿好管子，剪刀就滑了一下，这下惨了，那生锈的刀刃直冲我的无名指去了，还没等我反应过来，我无名指上就掉下一块肉。血一直在流，我哥说："快！肉在这，快贴回去！"他就这样捏着我那可怜的无名指去了医务所。回家路上他还警告我说："回家别跟爸爸妈妈讲，就说你的手是摔跤摔烂的，要不以后不和你玩了。"我心想："你都把我剪流血了，肉都掉了，还这么凶！我以后不要跟你玩了。你太讨厌啦！我为什么有这样的哥哥！！"

慢慢地，我们从幼年迈入了少年，又进入了青年，但我哥总是把我当空气一样。我也一直在自己是"独生女"的想象里生活着，别人都知道我家有两个孩子，而我却一直都对别人说我家就我一个孩子。直到我21岁那年，因为一件很突然的事情发生，在我无助困惑的时候，我的哥哥挺身而出，说了一句话："我来帮你解决，我是你哥哥。"看着他的表情我真的不再哭泣，内心涌起无比的安全感。哇！对哦！你是我哥哥。我也是可以说"你给我等着，我找我哥去！"的那个妹妹。那件事之后，我们不再提童年的事情，我们的关系变得很好，很亲密，变得那么的心贴心！

在这次"生命智慧"课程的体验环节，好像"天意"一样，当我想到哥哥要离开我，忽然间我的心脏像被一把小刀一点一点地划开，又一块一块地揉碎了一般。每走一步，我都快崩溃。童年的记忆瞬间全部涌了上来，被我封存起来的回忆被一点点地打开。我和哥哥有快乐的童年往事啊！哥哥一直都在用他的方式保护我！而我之前为何完全想不起来？为什么我那么恨他？因为我的怨恨而使我们失去了那么多年的快乐，没有时空隧道能让我们再回到儿时，这些时光都被我浪费了。这些年我又给予了哥哥什么？一句主动的问候？一次生日的祝福？一起出游？给他煮过一餐饭？做妹妹的好像什么都没有去做过。可哥哥却经常关切地问我最近生意好吗？身体好吗？吃饭了吗？

就在上课之前，我还接到哥哥一个微信：

哥：今年行情不好，手上积压的货如卖不掉的话，尽早亏点钱出手，省的积压太久亏得太多。

我：早就卖完了。

哥：卖完了就好，全国消费跟不上，对你肯定有影响。

我：我在上课，我不跟你说了。

这就是我！其实那时还没有开始上课，我不但不关心哥哥在干什么，我还用不耐烦的态度拒绝他对我的关心。我真的在上课吗？我真的在忙吗？我没有啊！原来我的忙，我的没有时间都是我杜撰出来的。

"生命智慧"教会我更多地去关心身边的人，珍惜身边的事。也让我庆幸及早地发现了在我生命中有这样一个宝贵的你。我们永远不知道明天跟意外哪一个先来。既然儿时的记忆已不能找回，那么今天，我决定，我一定要好好珍惜，把每一天当作最后一天来过，好好地活着！好好地对待身边的每一个人，不要留有遗憾。

把爱接力下去

刘妍秀

First Advantage 中国区　人力资源经理

第 15 期　北京 LE 学员

在上课之前，我已经研究过课程的一切，"关注死亡，关心生命"这个话题对我来说，既熟悉又陌生。熟悉的是自己的亲身经历，陌生的是这堂课的真正内涵。带着对死亡的坦然，带着与吴导相同的愿景——"希望能帮到更多的人"，我走进了课堂，跟随着吴导的引导走进了自己这些年的回忆。

❀ "死亡"剪断了生命，剪不断"爱"的接力

最早接触到"死亡"，是在小学四年级，低一届的校友因车祸死了。接着在六年级时，感情不太深厚的爷爷去世了，那时懵懂的我只是知道以后再也见不到他们了，却对死亡并没有什么深刻的理解。

然而，最痛心的记忆，是在高二的夏天，唯一的小舅舅在他儿子刚出生仅仅 12 天时，因公出差遭遇车祸而不幸身亡。那是朝夕相处、陪伴我成长的舅舅。突然的灾难令外公外婆承受着白发人送黑发人的苦痛，如天塌下来般，而这也让我的世界变得没有白天只有

黑夜。但坚强而乐观的家族并未因此而倒下，而是相互支持、相互扶助。"人是很脆弱的，只要活一天就要珍惜一天"这句话从此在我脑海种下。舅舅出殡那天，记不起究竟有多少人来送行，只知道那一望无际的人龙好长好长。舅舅生前的"义"字，让我学会了怎样对待自己的朋友，怎样把这个"义"字接力下去。

舅舅去世后，舅妈为了多拿那一份赡养费，把外公五代单传的小表弟带走。结果外公因为思念和不解，身体每况愈下，没过两年，把我拉扯大的外公在对小表弟的思念中去世。那时，我心里没有一丝恨意，因为外公曾经说过："什么是积德？你把路中央的石头搬到一边，不让路过的人摔着，这也是积德。善事不在小，在于你有没有去做。"这让我学会了怎么去行善，怎样把这个"善"字接力下去。

在我 26 岁那年，爸爸病了。从发现病情到离世，仅仅只有两个月的时间。当妈妈打电话告诉我"可能是肝癌早期，需要动手术"时，我就放下所有工作，立刻从北京赶回广东照顾爸爸，给他打气，给他支持。当医生告诉我说："你爸爸的病情已经扩散，手术是做不了了，回家准备一下吧。"我哭得撕心裂肺，可哭完，仍要强颜欢笑对爸爸说："老豆，都怪你现在太瘦了，我们要回家养养再做手术，要不然都是骨头，医生都不知道该怎么下手。"之前所有的"谎言"和鼓励语在那一瞬间破灭了。在生命最后的几天，爸爸的绝笔是"留位给十四阿哥"，那时的他还像以往一样讲历史故事给我听，只是这次我反过来告诉他："那是野史，以前圣旨都是用蒙古语和汉字一起写的，改得了汉字改不了蒙语。"爸爸临走的最后两天里留给我的最后一句话是"怎么那么累啊"！最后一天，爸爸什么都吃不下，等我的男朋友，即是现在的老公，赶到他床前，硬是吃完男友喂的米粥，嘴里喃喃地说着我们完全听不懂的话，然后就离我们而去。爸爸在世时常常对我说："尽量少吃牛肉，因为牛辛苦了一辈子，老了干不动了，人就把它宰了，那时临终的牛，都会流眼泪。""买菜的时候要挑老人家的去买，让他们的菜早点卖完，好回家吃饭。"爸爸那些言传身教的人生道理，让我学会了怎样把这个"仁"字传承下去。

爸爸去世后的那几个月，我在心里恨着妈妈，恨她不相信爸爸生病前的痛苦，恨她不早点带爸爸去就医，恨她不多花点时间照顾爸爸，甚至恨她不想把爸爸的灵位安放在家里。直到半年后外婆突然离世，我赶回家看到妈妈憔悴的面容，才醒悟过来：妈妈是我唯一的至亲了，我还要等到什么时候才去珍惜？外婆的离开，使我眼前不禁浮现那一幕幕与外婆相处的画面，想起小时候为了孝顺外婆，睡觉前仍哭闹着要爸爸骑车送我去外婆家，为的就是把手里赚的几块钱送给外婆。外婆走前的一个星期正是母亲节，为了让她开心，我托朋友买了好几斤她最喜欢吃的基围虾，让平时不舍得吃的她可以好好吃个过瘾。外婆的离去，最让我感觉无憾，因为我一直珍惜她在的日子；她的离开，也让我更加相信，珍惜身边的人，珍惜每一次能珍惜的机会，这才是应该做的。凭借着这种信念，"惜"字让我继续往前走。

🦋 若想爱人，先爱己

老公的爸爸，我从来没叫过他"公公"，而是以"爸爸"为称呼，因为他每次介绍我给他的朋友时都说"这不是我媳妇，这是我闺女"。我心里也一直庆幸上帝的眷恋，带走了我一个爸爸，又给我带来另一个爸爸。50多年来，他从没得过病，可就在我准备怀孕时，情愿一辈子苦了自己也不愿给别人添一点麻烦的爸爸竟被发现患了食道癌。在积极为他治疗的同时，我和老公也深深愧疚于心，因为爸爸身体健康，平时我们忽略了对他的关心和爱护。然而，在得知我怀孕后，爸爸很高兴却从来不让我回去看他，只与我电话聊天，因为他担心他的病会影响到我和肚子里的孩子。直到他临终前的一个月，他可能也感觉到，如果再不见我就见不到了，才同意我带着肚子里的孙子一起回去，带他看望坚强的爷爷。那时，他问我想吃什么，我说外面那家饭馆的酸汤面很好吃，他哭了，对我说："看我这讨厌的身体，连你爱吃我的面条都做不了了，还得让你到外面去吃。"我满怀希望地对他说："没事，爸爸要好好养身体，到时你的孙子和我都要吃你做的面条。"可是，这碗面条，我们母女俩都吃不上了，爸爸最终还是没能等到小孙女的出生就离开了。他的离开，让我学会了做人，不要把什么都扛在自己身上，埋在自己心里，要懂得释放，懂得珍惜自己，才能更懂得爱。

从回忆中跳回到现实，在课堂上，吴导从多个角度帮我们分析自己。我猛地发现，对哦，我现在上有老下有小的，正是应该拼命奋斗的年龄。我要继续照顾家人，打拼自己的事业，可是我自己呢？我是否也应照顾好自己，因为我每走一步路都会影响身边的人，如果我不懂得照顾好自己，不懂得爱惜自己，那又如何去照顾他人呢？

❀ 莫让"爱"掉链

写了那么多自己的往事，并不是想博取大家的同情，中国有句谚语"可怜之人必有可恨之处"，为什么我们要选择做个可怜之人，像祥林嫂一般到处诉说自己的不幸，以博取大家的同情呢？为什么我们不能选择怀念过去美好的时光，先把那些痛楚挖个坑埋进去，等着时间的沉淀把它酿成一坛香醇而没有苦涩的老酒呢？在痛苦来临之际，你可以选择继续哀痛下去，也可以选择收拾好心情，走好以后的路。

每一个亲人的离去，都像是一场考验，考验我们那经不起时间流逝的等待，考验我们那些被忽略的珍惜和坚持。人生没有如果，逝去的都不能回头，认真地过好每一天，珍惜我们应该珍惜的，这才是我们应该做的。

如今人与人之间已经失去了太多的"信"，因为那些善者的爱心已经被太多的灰尘所蒙蔽。可是，如果每个人都把隐藏在心底的那一个温暖的世界捍卫起来，把爱接力下去，那么，这个世界还是"爱"的世界，这个世界还会是温暖的世界。

懂得善过余生才可无悔

朱惜池

香港富柏资产顾问有限公司　董事长

第 16 期　深圳 LE 学员

生命智慧，力量回馈

从没想过生命"以终为始"的道理，亦少去深思"未知死、焉知生"。这可能是因为大多数人认为死亡等同于离别伤痛，不提也罢！我主动到"生命智慧"课程中去学习，并不是为了去克服内心忌讳，而是单纯地去寻找如何更能使余生发光发热的力量，令自己可以无悔今生。

三月底的周末，我从香港来到深圳，经历了两天不一样的反思课程。之所以提笔作此文，是希望有缘人看过后，或许能产生共鸣而感怀；也希望此课程能推广，能令更多有心了解生命的人，用生命影响生命，用自己的力量回馈社会。

不幸的经历，有幸的成长

"生离死别"对 6 岁已失去双亲的我来说，应比大部分同龄人，更能体会失去亲人的痛苦和更早接受生命无常的道理。当亲人离世时，印象中就是万般的伤痛与不舍，泪水不能自控地流出，极不好受。父亲在我年幼时因身体不好常进出医院，聚少离多，我对他的印象不深。犹记得在他去世后出殡那一天，一些长辈在我妈妈和姐姐面前指责我："这小孩怎可以父亲走了，哭也不哭呢！"半年后，母亲因捱不过生活的煎熬也离开了。回想起来，当时我哭得死去活来，不解为何我和姐姐们会如此不幸地过着孤儿般的生活。

但在过往的日子里，我会自夸我跟姐姐们比别人更早独立成长。虽然我们没父母的荫护，没机会被宠坏，但我们没走歪路。"生命智慧"课程令我重新追溯过去，原来童年的阴影，也给我正反两面的人生。此刻，我更在意的不是过去的我如何影响现在的我，而是在往后的日子里，如何给自己充电去帮助他人。

✻ 以终为始，未雨绸缪

令我深有感受的是，人到年长失去亲人，对于事实的接受、情感的治愈，都是一场持久战。伤痛的背后当然是要让情绪过渡，更重要的是接受事实和转化哀痛。可是很多人有挥之不去的负面情绪，总是愧疚自己没有为亲人做好这样、做好那样。假如没有上过"生命智慧"课程，没看过小册子内周全的临终前规划，我真的不知道原来自己可以这样为自己的生命负责任。"人去楼空"，昨天突如其来的雅安市地震死亡人数已达180多人，灾难是不能预测的。我们可以做到的只有死亡前的准备，是什么呢？我们可以早一点准备好吗？

时间不会等人，没机会去做、去表达，才感可惜。

✻ 钟爱"生命智慧"之缘由

一个课程虽有启发他人的导师及内容，也有一些实质规划建议，但没有人的感染力，不可能造就更好的涟漪效应。我喜欢这课程的几个重要因素如下：

1. 不带任何宗教思想，尊重学员对往生的不同看法及价值；
2. 令学员有反思、有准备地去接受亲人离去的情与景；
3. 有效及实用的生前准备小册子，为人生负责任；
4. 以爱传播：帮助他人学会生命规划，更以行动服务长者，为生命留下美好一页。

　　看见此文，我们便是有缘人，大家一同为生命加油，帮助他人，令我们的人生更无悔吧！衷心希望他日有缘相见，凝聚更多有心人的力量。

我记忆中的他

陈海阳

尚公律师事务所　高级合伙人

第 17 期　北京 LE 学员

　　我清楚地记得我们之间的种种瞬间，种种令我记忆深刻、充满感动的、多年之后，虽记不清你的面容却依然铭记于心的瞬间。我记得停电后黑暗中我是多么恐惧、多么期待你回来，更记得当你回来时我感受到的那种安全感；我记得你的骄傲、你的眼泪；我记得你生气时的样子、你哭泣时的样子，好奇怪啊，我竟然不记得你笑的样子……

　　一切对你的记忆停止在了那个夜晚。

　　也许是直觉或第六感，也许是事后放大了自己的联想和心理感受。我记得那个夜晚，红色的电话、接电话的亲人的背影、反应。他告诉你你的事，那时候我第一次听说"后事"这个词，第一次感到有一种想哭哭不出来、紧张却又克制自己的感受，也许是懵了吧！去医院的路上我都不大相信你真的会离开我，虽然我知道情况很糟糕很糟糕。

　　到了医院，看到很多人围在那儿，看到你一个人就那么躺在那儿，闭着眼睛。医生说你的瞳孔已经扩散了，从没听说过这个词的我立刻知道你不可能再被救回来了。其实当时我有些恨那个医生的，因为她说得那么轻描淡写，没有任何感情。我哭着抱着她说："求求你，救救他！我求求你，救救他！"但是她只是那样让我抱着她的腿。

然后，大家开始准备你的后事，为什么我总觉得形形色色的人中，有好多人并没有因为你的死而真的感到伤心。他们有秩序地准备着一切，他们嘴上说着安慰的话，却只令我感到虚伪、没有感情。

我守在灵前，一遍一遍用烧成木炭的棍子写着"复活"，可是怎么办啊，你还是躺在棺材里。他们给你买了最好的身后物，估计是想着这是最后一次了吧，你都死了，这种东西当然还是给你买最好的吧。我却觉得可笑，死了又用不到，活着的时候怎么就那么节省呢？

最后一次见你，是出殡的那一天，棺材里你静静地躺在那儿，闭着眼睛，他们用酒精擦拭你的眼睛，说是到了那边会更明亮，他们说不能让眼泪流到棺材里，说是那样你在那边的房子会漏雨。然后摔掉火盆，浩浩荡荡的人群就去了坟地……

不知道为什么，你死后的一段时间，我一直觉得你其实还在我的身边。到什么时候呢，大概是10年后吧，我再也感受不到了。你知道吗，你死了以后，我有了一个新的强迫症，就是突然之间会感觉亲人发生了意外，然后我会不断告诉自己那不是真的，一定要在心里演练六遍，才能消除这种不安的感觉。不过现在这种情况慢慢少了。

你知道吗，我最不能忍受的就是别离，也许在情感上我对别人太过依赖了吧，我害怕别离，不管是亲人还是朋友。大学毕业，想到大家将各奔东西，我难过了一个月，虽然那时候距离毕业还有半年。曾经因为一个亲人生病，我哭了个晚上，因为我查到得了那个病最后只能死。我吓死了，如果连她也要那样离开的话，我觉得老天爷对我实在太不公平了，我害怕自己一个人，害怕被别人留下。

现在我已经不常想起你了，但是每次想到你的时候都会很心痛，真的是心脏很痛，很纠结的那种痛。以前不知道原来"心痛"这个词不仅仅是情绪的表达，人的心脏真的会痛……

好好活下去

吴俞中

海宁欧梦服饰有限公司　员工

第 19 期　上海 LE 学员

　　吴咏怡导师一直想让我来参加"生命智慧"培训课，上一期在杭州举办时，我找了个借口推掉了。没想到这次上海班开课，吴导又邀请我来学习分享，我觉得再没有什么理由逃避了！希望通过分享我的经历，让更多人反思和珍惜生命。

　　我从小就是一个很安逸知足的人，什么事情都是差不多就行了。高中毕业后，我接受了两年培训就开始工作了，工作不久便遇到了我现在的太太，谈了两年恋爱就结婚。婚后我和太太没有选择旅行度假，而是平淡地过着每一天，每天我送她上班，接她回家！不过我还是觉得这样也很温馨、幸福，和很多人相比，小日子也算不错的了。

　　直到 2011 年 12 月 1 日下午，太太的一位同事忽然打电话给我，通知我说："你老婆出车祸了，你马上到医院来！"这真是戏剧化的一刻，接到电话的我立刻懵了，怎么也不能相信这种事真的会发生在自己身上，这应该是属于"别人"的故事，这应该是属于电视剧里的桥段……当时还不知道情况究竟坏到什么地步，在路上我一直对自己说要挺住要坚强。当我看到躺在病床上的太太，她的额头凹陷了下去，无意识地呻吟着，医生却不允许我靠近，看到太太正在无比痛苦地煎熬而我连她的手也握不到。那一刻我忍不住大哭起来，这突如其来的残酷现实让我彻底崩溃了。

由于太太颅内压力过高，我不得不为太太选择了做"去大骨瓣"手术减压。然而虽保住了性命，但一个月后，太太的病情又恶化了，她不能控制地一直抽筋，整个人瘫在病床上一个多月不能自主活动。身为家属的我每天只有15分钟时间探视，剩下的时间便是无尽的煎熬，期盼着听到好消息！

虽然在这一个月期间，医生已经通知我们做好思想准备，因为希望渺茫，但是奇迹终于出现了，太太凭着顽强的生命力和对生的渴望，慢慢坚持过来了！尽管她还无法进行正常对话，但她的眼神告诉我，她舍不得离开我，她需要我！我所能做的，就是陪伴在她的身边，回应她的这份需要。

忽然回想起车祸之前，太太曾经开玩笑地说，如果有一天我病倒了，你会怎么做？我当时也随口说笑道，那就把你给扔了！生命真的就是如此无常，出车祸那一日恰好就是我的生日，而之后太太进入重症监护室的日期又恰恰是2012年2月14日情人节！多希望这只是老天和我开的一个玩笑，一切都是场梦。难不成这一系列巧合，都早已是命中注定？太太在重症监护室的日子里，我一再地想，为什么我会这么不幸呢?！为什么太太会抛下一切，让我去面对一切？太多为什么，但无人替我解答。

回想起以前和太太相处的点点滴滴，忽然感觉欠她太多，我只是按照自己以为幸福的那一套去过日子，而没有为她多设想，让她做她喜欢做的事情。以前每年她都会跟我说到想要去旅游，无限憧憬地提出过好多建议，可我总是说没空，等明年再说！现在幡然醒悟，亲人、爱人不会永远等着你去关心和爱他们，也许下一次永远也不会再来了。遗憾的同时更感到幸运，因为现在我的太太还顽强地生活着，呼吸着，我现在还来得及去回报！

我希望，有缘看到我的经历、我的故事的朋友，这篇文章能惊醒你，在你还有时间的时候，去为身边的人做点什么，去帮他们实现他们想要的，去爱他们。希望大家行动起来，积极、乐观地去面对生活、珍惜和关爱家人朋友。如若能给您的生活带来这些不同，那就是我分享这篇文章最大的意义所在了。

这不是我想要的离别

董本晖

上海亚东国际货运有限公司　总经理

第 19 期　上海 LE 学员

"我是小李的爱人小王。小李于 2012 年 4 月 25 日因车祸去世。追悼会将于明天举行，谢谢。"这条来自一个陌生的号码的信息，莫名地出现在我的收件箱中。

我端看着手机，不停地猜测。这是个骗子？可能是个恶作剧吧？还是……一个不着边际的梦？可信息中提到的人，分明就是我高中的好兄弟，如今也一同工作和生活在上海的小李啊。没有勇气回电话过去确认，只是向几个同在上海的高中同学打了几通电话核实。结果，这是真的……

在电话中大家唏嘘不已，相约明天在追悼会见面。

虽然同在上海，不过距我和小李最后一次见面，已经过去 1 年了。那一次我们在一起喝酒，好像也是一两年没有见过了。当时，他喝大了，介绍另一个女人给大家认识。他搂着我的肩膀，在街上大声嚷嚷"老子是东北人，我骄傲"。这些，似乎是我对他最后的印象了。

追悼会上，见到几位久违的高中同学，也见到了从小就很熟识的小李的父母、亲人。小李父母本是还算比较体面的人，但此时只剩下黯然和无力。老人家已经不再流泪了，只是念叨着，还能怎么办啊，也不能跟着他去啊。除了握着他们的冰凉的手，我找不到任何可以用来安慰的话。小李的爱人守在火化炉前，等待接收丈夫的骨灰，她呆坐在那里，似乎没有一丝气力，去关注或者回应前来的任何人……

我没有去看兄弟的遗体。据说，出事那夜，他和朋友又喝大了，之后试驾一辆二手跑车。在一条没有路灯的街道上，跑车钻进了一辆卡车的尾部，整个驾驶室被当场削掉，人当时就不行了。他们花了好长时间去修整尸体，让他看起来好一些。死者还包括副驾驶，一个我们都不认识的人。于是，两个家庭破碎了。

小李和小王结婚六七年了，没有孩子。不清楚是否小李一直不愿意建立三口之家。我不知道也从没有问过个中隐情，只隐约感觉到他不愿意回家。好像几年前曾经听他随意说过，就算现在死也没有什么遗憾了，也就喜欢开开车听听音乐，这几年也都尝试过了。这次的意外竟然就这么回应了他的那句信口一说，也宣告了两个家庭姻缘的结束。神伤的小王，不知道会不会再嫁；而小李伤心欲绝、年迈的父母却只能遗憾终老，失去了独子，将没有人为他们养老送终。

但是，事情并未就此结束。由于副驾驶的死亡是因为小李的酒驾造成，刚刚丧夫的小王又要背上官司，赔偿对方及对方妻儿的生活支出。而那个小李介绍给我们认识的女人，那个表面上看起来有点淳朴而腼腆的女人，却没有办法看小李最后一眼。她没有办法去到追悼会，不知道谁会去安慰她，甚至不知道是否有人知道她的存在……

那天，戒了烟酒的我陪着小李的父亲喝了个痛快。我不知道以后是否会再见到他，也不知道以后还能否见到小王，还有那些因为小李的存在而认识的朋友们。我感慨着年轻的生命如此的脆弱，更怨恨着兄弟对生命如此的漠视。他应该并不痛苦，因为活着的人全都替他背负。可活着的人啊，要如何面对这些残忍啊！

生命，本应该是上帝赐予我们的礼物。这个礼物可以带给更多生命以亲情、友情、爱情的快乐，而它的失去也可能留下无限的苦痛与遗憾。而就是这个，对我来说曾那么亲密鲜活的生命，匆匆地离开。被剩下的我们则寂寞地杵在那里，不知如何是好。我努力地回忆着，从小学的相识，到高中同班，回想着身为团支书的他和我们一帮小兄弟复习功课，我们一起踢球，到他家的天台上烤肉，给他的表弟洗澡盆浴，让他身为报社编辑的父亲给我们讲作文。那个时候多好，那个时候我们谁都不会开车。那个时候的他，不是这样随便的人，不是这样随便对待生命的人。

一个月后的某个梦中，我忽然见到了小李。他穿着高中时的校服，还是年轻时的模样，黑黑瘦瘦的。我惊讶地问他：你不是都已经……怎么还会出现在我们身边？他悄悄对我说，别人还不知道我死了呢，别和别人说，就当我还是个活人。哎，我死得不光彩，不想别人知道，再过几个月吧，我想和大家在一起多几个月，然后我才消失吧……我把这段梦境记录了下来，纪念我的朋友，我曾经的兄弟。

也许，这才是我们的最后一次见面吧。

小李离开后，倒促成我们在上海的几个同学的一次聚会。我惊讶地发现，一同从东北老家来到遥远的上海打拼，同在一个城市的我们，却竟有三五年没见过面。大家的模样有了一些变化，家庭的成员也有增有减，但那种亲切感很快便找了回来。我们拍了照片留念，发到高中班级的微信群里，那个群里已经有三四十位同学了，居然连班主任老师也在里面，但很多同学，也已经是十五年未曾见面了。不知这次相聚后，什么时候才会再见。希望下次再见面的原因，不会是因为某某的离去。希望有生之年，能够多一点时间去珍惜，少一点时间去遗憾吧。

偶尔我还是会想起他。我失去的第一个兄弟。希望他在那边可以安好，尽管这不是我想要的离别。

直面死亡

金鑫

Peri's cake design workshop　甜品设计师

第 21 期　深圳 LE 学员

✿ 眼观表弟受虐，颇为感同身受

　　我与表叔家的弟弟关系原本并不十分亲近，因为我们有 15 岁的年龄差距，我到广州读大学时，他还在北方上小学。2009 年，我回北方老家时，和他见过几面，观察闲聊中发现我们的成长经历颇为类似，都是爸妈早早去了国外工作，留守的我们只能寄住在姑姑家。他的姑姑们对他十分刻薄，有好几次，我看到她们对他这个十岁的孩子，不仅在言语上相当严厉，还投射了很多对他父母的情绪。有时姑姑们在饭桌上骂他，他饭吃了一半就回房间躲起来大哭，不管我怎么安慰，他都只是哭，当时那种同病相怜的心酸一直深深地留在我的心里。

　　第二年的 9 月，我还在法国读书，收到了表弟因为煤气中毒死去的消息，接到电话时我没哭，并且有一整个星期我都坚信没有发生过这件事。之后某个午夜，我忽然开始嚎啕大哭，不顾时差，坚持打给家人询问，这是真的吗，是真的吗？我的痛哭又勾起家人的悲伤，他们就跟着我一起哭，这样的状况持续了一个月的时间，除了心痛这个小小生命的逝去，心痛叔叔婶婶因此而精神失常之外，我也同情他这样的成长经历，小小年纪就经历了这么多同龄人没有承受过的痛苦。从那以后，我的种种情绪并没有得到释放，我也决定自此不再与当时对他恶言恶语的姑姑们有任何联络，也不许父母告诉她们任何我的消息，因为她们的刻薄不仅伤害过我，还伤害了可怜的弟弟。我把悲伤化成了埋怨，仿佛这种转移会让痛苦减少些。

自从表弟去世以后，我就再没有回去过北方，因为我对北方的最后一次记忆有弟弟在。我很想和弟弟说，姐姐很心疼你，很想你，很明白小小年纪与父母分离寄人篱下的滋味，你的离开使我重新认识了生命，原来意外或者无常，离我们很近，或许你的不长的人生令你后悔的事情并不那么多，但是留给我的，却是另外一番思考。

🦋 为死亡做准备，从容面对生死

这次参加"生命智慧"课程令我印象至深的是体验死亡。我深深感受到，任何人的逝去都会给他的至亲至爱带来绵长而深刻的痛苦，我舍不得我的亲人、爱人，可是我更加舍不得自己，因为回首过去的时光，我总是在为别人的梦想而活、而努力，"做自己"在我们这个时代已经快变成口头禅，可是真的行动起来又面临着多少阻力呢？父母的期待，爱人的要求，小孩的需要，很多很多时候这些仿佛都比自己重要，于是我们拼命去做去满足这些至爱们的要求，忽然某一天老得不成样子的时候才意识到，糟糕，迷失了当年踌躇满志的自己，忘记了一直很想一试的梦想！诚如乔布斯所言，把每天当作生命最后一天去行动，会更加果敢而坚定，为梦想去努力，为自己去奋斗，悦己方能悦人。我愿意将遗憾提前到今天品味，而今后去努力减少这些遗憾。

课程之后，我给家人们写了邮件，坦诚了自己对于弟弟的去世的感受和对生命的认知，我不知他们是否可以理解我的心境，但对于我来说，如果今天是我生命的最后一天，我愿意去解开我的心结。我也写好了自己的遗嘱，我希望我出现任何意外的时候，爱我的人都不会因为不知如何处理我的事情而痛苦，这会是我对他们最大的爱。因为思考死亡而做好准备，因为做好准备而变得从容，因为从容而不再惧怕，感谢"生命智慧"课堂。

我不该如此死去

杨开华

五洲旅行社　经理

第 21 期　深圳 LE 学员

在"生命智慧"课第一天晚餐后，我体验了一次逼真的"死亡"。随着那刻的逼近，心里开始忐忑，开始恐惧，最后，终于轮到了我。

"离开"的那一刻，我听到了父母、爱人、女儿的呼唤。我欲哭无泪，抱怨"命运的不公"，我才二十多岁……

❧ 父母之恩，无以为报

想起了年过六旬的父母，已是白发苍苍、满脸皱纹。父母养育我数十载，独立过着自给自足的生活，我们却十来年不在身边陪伴，一年中难得回一趟家，父母常说没事就不要回来了，家里都挺好的。其实我明白，他们是怕我们花钱，并非不想我们回去。每次买回去的衣服、鞋子，他们也总会说"你们之前买的都还在，又花不少钱吧？又不是没得穿，不要乱花钱，你们还要买房呢！"短暂团聚时，父母总是忙前忙后，照顾我们的生活。临走时还准备一大堆东西给我们，"自家东西，带过去能顶一段时间，少点开支"。年过六十的老人，每天还勤勤恳恳，日出而作、日落而息。我们总会说，你们少做一点，不用那么累，多休息，没钱说一声，我给你们寄。而父母总说："不需要，我们现在身体好，闲不住，现在能动，尽可能不给你们增加负担，多做点，给你买房出把力！"每次寄回去的钱，他们都攒着不舍得花。

父母给了我们生命，养育我们长大成人，即使老了还处处为我们着想，从不求回报。反观自己，为父母做的事少之又少，一个手掌都可以算出来了。这一刻，我"死了"。父母总有一天会累到走不动了，再也不能自食其力，不能自己照顾自己，却没人在身边照顾尽孝、养老送终！

🦋 爱妻孝女，备感幸福

七年前，我一穷二白，认识了现在的妻子，之后我们结婚，一起生活的酸楚历历在目，当时在心中许下的承诺在此刻一一浮现，有些目标，一拖再拖，至今仍旧未对妻子兑现，而这是作为一个女人，一个妻子应该拥有的幸福承诺，想到这里顿时倍感亏欠。

年仅 4 岁的女儿，非常懂事、乖巧。我下班回家，第一时间就会给我送上拖鞋，递上毛巾，还会可爱地问一句"爸爸，你累不累？"这时我总会摸摸她的头，即使再辛苦再疲惫，都会烟消云散，倍感幸福。我努力把我所有的爱都给予她，因为如果父爱缺失，必定对她的童年、人生产生消极的影响。

🦋 珍惜眼前，用心去爱

为什么？为什么死亡说来就来，没有商量的余地。

如果能让我活下去，哪怕只有一个月。我一定会马上跟父母通电话，听听他们的声音，听听他们的心声，听听他们的感受。我一定会多回家看看，陪他们聊聊天，把他们想做的事，舍不得花钱的事都给完成了。我一定会更努力工作，创造一个和和美美、热热闹闹的家，让他们享受天伦之乐，安度晚年，不用那么辛劳、那么孤独。对于妻子的亏欠，我会一一补上，在生活上多一份包容，少一些吵闹，让我们的家庭幸福指数更高。我一定会多陪陪女儿，多关注她的心理需求，教会她生活本领，看着她健康成长，将来做一个有智慧的人。

在参加"生命智慧"课堂之前，我总坚持着"先苦后甜"的观念，想着等攒够了钱再怎么样，等有房再怎么样。但现在突然意识到，攒钱需要时间，买房需要时间，而父母在渐渐老去，不能等到"子欲养而亲不待"。房子可以等有钱了再买，爱不能等、亲情不能等。珍惜身边的人，用心去爱。不再亏欠他们，不用对他们说"I am sorry"，而是光明磊落，坦荡一生，无牵无挂，含笑而终。

感谢吴导，谢谢本期"生命智慧"课的助教朋友、同学。谢谢你们让我懂得这些道理，幸好一切还来得及。

超越生命之痛，活出生命精彩

张博

易森管理顾问有限公司　总经理

第 24 期　深圳 LE 学员

看过很多同学参加了"生命智慧"工作坊后分享的文章，令我非常感动。我自认为在面对生命课题时，自己是比较感性和乐观的人，但在潜意识中有时也会逃避痛苦。2013 年底，"生命智慧"工作坊在深圳举办，我正好有时间，抱着试一试的心态，我决定去参加一下，结果，这两天的学习体验对于我来说，已经不单是一次培训学习，更像是与未来的我共同经历了一次穿越之旅。

我真切地体验到"我们常常觉得遥远的，或许就近在咫尺；有时看起来很实在的，分分钟也会变得无影无踪"。面对无常的事实，我们已无法用理性去选择悲观还是乐观，最大的勇气其实是面对，真实地面对突如其来的一切，坦诚地面对我们最真实的感受与情绪。这个情绪已经无关好坏，悲伤、痛苦和恐惧其实都是我们当下最真实的感受。用心去感受这份情绪，然后接纳所有的痛苦，在承认和超越这种痛苦之时，你就会发现自己具有了一种全新的力量。

🦋 突如其来的考验

课程学习结束后不久，我就在真实生活中遭遇了一次生命的考验。妈妈因身体不适去医院体检，被查出子宫内膜增厚到 15 毫米，而这个年龄正常的子宫内膜厚度应小于 5 毫米。医生询问母亲年龄后要求她立刻住院，因为症状显示这极有可能是此年龄段发病率极高的子宫内膜癌。妈妈身体一直很好，近几年我工作繁忙，也都是妈妈帮我照看儿子和收拾家务。喜欢干净、细心的妈妈一直是我坚强的后盾。我在她眼里永远都是个孩子，早出时她常常叮咛我要记得吃早饭，晚归时她为我留灯留饭。在医生告知初步诊断结果的那一刻，我内心瞬间充斥着各种恐惧，在那 5 分钟里，我想过所有的情况和结果，有好的有坏的。

作为独生女，我必须自己肩负起所有的责任。"生命智慧"课程中的经历让我明白并开始真实接纳这一刻的所有感受，我知道这份害怕是源于对失去至亲的最大恐惧。然后我开始深呼吸，拼命让自己回到"生命智慧"课程中"觉醒时"那一刻的感受，穿越痛苦去思考。然后我决定：第一，把妈妈的担心降到最低，告知她需要进一步检查确诊。子宫疾病只要发现得早，最坏也不至于危及生命；第二，开始在百度上搜索相关信息，补充自己在这方面的知识，以便更有效地与医生沟通；第三，安排妈妈进行手术检查，自己承担起所有照顾家庭的责任（为了暂时不让过多人担心，没有将妈妈的病情告知在外地的爸爸、出差的老公和其他家人）。那几天，在忙碌地往返于医院和检查中心的空隙时间，我就陪伴妈妈说说话，转移她的焦虑，夜晚照顾好儿子睡下后再查阅资料。当慢慢自我调整状态后，我发现自己可以平静地想到很多新的可能性和方法，这增强了我的信心！

术后妈妈对麻药反应剧烈，连续呕吐超过 12 小时。我一边照顾她，一边安慰道："你看这病已经让你这么遭罪了，相信马上就会好了。"不断的陪伴与理解，使妈妈开始从癌症的恐惧中缓解出来。一个星期后，医院那边传来喜讯，证实没查出恶性肿瘤细胞，继续观察就好了！

真的感谢"生命智慧"让我在课程里能真切地去体验和学习，让我在面对真实生活的无常时获得那份坚强面对的勇气！没有任何抱怨，没有无奈和后悔，做好所有的准备，勇敢地去面对生命给予我们的每一份挑战！

🦋 做勇敢的母亲

在学习了"生命智慧"公益课程之后，加之又经历了妈妈这次生病，我深深地感悟到，做为一位母亲，在面对我 5 岁的儿子时，我知道我是那么那么爱他。因为爱他，我更要支持他长大，陪伴他去面对人生各种体验和感受，并告诉他，这就是真实的人生，无论痛苦还是快乐，都是你必须直面的，真实人生的一部分。生活不是选择走怎样的路，而是走在任何一条路上都能坦然、勇敢！正如有一句话所说："对儿女，最好的爱是为了分离"。是的，爱他，就让他能够独立面对他的人生，有能力去直面生命中的喜怒哀乐，并超越痛苦，创造属于他自己生命的精彩！

世界上最疼爱我的那个人去了

张海英
曾任金蝶软件　HR 顾问
第 25 期　上海 LE 学员

　　他是这个世界上最疼爱我的人，也是这个世界上我最爱的人，他走了，我的心空了……

　　父亲离开我 5 年了，我对他的思念却有增无减，一直都想为他写些什么，但感觉一切语言都那么苍白无力，无法表达我对他的那份浓浓的思念。直到 3 月份参加了吴咏怡导师的"生命智慧"课程，我才深刻体会到"生命有限、人生无常"，要把每一天都当成生命的最后一天来活，不要等，想好了就去做。所以从那一天开始，我决定为父亲做些什么。终于，我开始提笔，道出对他无尽的思念，也希望父亲经历的意外不要再在世人身上发生！

❧ 意外，猝不及防

　　2009 年 10 月 13 日下午，父亲骑着电瓶车行驶在回家的路上，这时，前方一辆停在非机动车道上的汽车，在父亲经过时猛地打开车门，让人猝不及防。父亲迎面撞在车门上，连人带车一同飞了出去，重重地摔在了地上。由于脑后部着地，造成了父亲头部重大损伤，经抢救无效，他很快就离开了我们……我们所有人都没有见到他最后一面，我一直都无法接受这个现实。他离开了，很长一段时间我感觉我的生活都失去了意义。

🦋 想念，刻骨铭心

父亲是真正地辛苦了一辈子！母亲在我 11 岁那年就去世了，在最初几年里，顶天立地的父亲在人前收起情绪，一个人时却总是躲起来偷偷地哭，把他对母亲的思念写下来，写满了好几个厚厚的笔记本。我知道他内心有多么地痛苦。父亲一个人照顾我和哥哥，省吃俭用，含辛茹苦。记得我小时候他跑长途天又很热，路上别人给他一个苹果、一瓶饮料他都不舍得吃，都要带回家分给我们。为了省钱，木匠、泥水匠、水电工……他都自学成才，父亲像燕子衔泥一般，让我们有了温馨的小家。从很小的时候全家住 10 平方米的小屋，到后来全家住上 3 居室，所有这一切都是父亲辛勤努力创造的。

从小到大，父亲对我和哥哥要求严格，只要我们学习成绩不理想，总少不了他严厉的苛责。小时候我们捡到了东西，父亲也一定要我们上缴，说凡事要靠自己。奶奶年纪大了，不能走路时，父亲把奶奶接来我们家，全家人呵护照顾老人。父亲教育我们要勤俭节约，助人为乐、诚实正直、要勤奋学习、努力工作、坚强勇敢，要靠自己的双手创造幸福。他这样要求我们，也用实际行动为我们做了很好的榜样。可是，现在他却不在了，永远离开了我们，我再也听不到他严厉的批评，再也听不到他的唠叨，再也看不到他忙碌的身影……

🦋 亲情，永不磨灭

小时候，我怕他甚至恨他，长大以后才慢慢体会到他的不易，理解他的良苦用心。他是全家的依靠和支柱，他也是我人生中的引路人，工作上的不顺利、生活中关系的处理，他都给予了我正确的指引，教我做人的道理，促使我不断前行。

虽然小时候，我像老鼠见了猫一样躲着他，工作以后我却变得非常粘他，和他一起出门常常手挽着手，为他过生日更换行头。他逢人就夸，幸福洋溢在脸上。只要我工作上有了一点点的成绩，他都备感自豪。他说过为了我的幸福他可以付出生命的代价，而他确实为了我的幸福做了太多太多……

父亲曾经说过他希望能参加老年自行车队，到处去走走看看，我也曾经答应过，带他一起去旅行。可万万没有想到他退休不到 3 年，我还没来得及报答他的养育之恩，他就永远地离开了我们……连最后一面都没让我见到，只留给我太多的遗憾……

我最大的梦想就是父亲能跟我老公、儿子、公公婆婆，我们一大家子住在一起，这样就可以相互照顾其乐融融，但是这个梦想还没有实现，他就走了……在心底我曾经无数次地问——"老爸，从此以后还有谁会真心骂我？教育我？老爸，我宁愿走的人是我，我宁愿你卧床一辈子，让我照顾你一辈子！"可是我再也听不到你的回答了……

🦋 活着，珍惜当下

父亲是一个很普通的司机，他的一生不能算成功，他这一辈子也没有给社会带来多大的贡献。但他就是靠着自己的努力，养活了我们全家。他是这个世界上我最崇拜与敬重的人，他是一名非常伟大的父亲！他用自己的行动，教会我们自食其力，教会我们感恩、责任、善良、坚强，他影响了我和哥哥，也影响了他身边的很多人！直到今天，每每想到父亲，我依然无比痛心。曾经一度我陷入深深的自责和痛苦中无法自拔，感觉自己在这个世界从此无依无靠，生活中的快乐和自信再也找不到了。上了吴咏怡导师的"生命智慧"课程，让我明白：与其自责和内疚，不如精彩过好每一天。如果我每天都闷闷不乐，父亲也一定不会开心，所以我要更自信更快乐地过好每一天，才能让他在天堂更安心。

我希望通过首先改变自己，知行合一，再去影响我身边的每一个人，今年 10 月份公公婆婆结婚纪念日的时候，我组织他们去补拍了一套婚纱照，他们非常开心满足。我现在会每天抽出时间多陪伴儿子，父亲的离开也会让我想很多，我不再像以前一样瞎忙，会去想活着的意义，思考自己到底想过怎么样的生活，成为一个怎么样的人。在每一次不知道如何做选择的时候，我就会去想哪一个是父亲更希望我做出的选择。今年下半年，我终于去学习并完成了自己一直想要学习的瑜伽课程。我要珍惜当下，珍惜我爱的人，珍惜爱我的人，趁现在还来得及的时候，大胆去表达爱，用心行动，让每一天都充满爱。人生无常，要把每一天当成生命的最后一天来活，活出绽放的人生、活出无悔的人生！

　　在我眼里这样伟大的父亲，就因为司机的一个不经意的行为，酿成了如此后果。我一直有一份冲动，要向所有的司机、乘车人大声呼吁，"希望你们——停车开门时，一定先向后看！您这一个小小的举动，也许可以挽救一条生命，保住一个完整的家庭。在这里我恳请所有的司机和乘车人，注意行车安全，珍惜自己和他人的生命！"

生命短暂　搏命表演

孙蓉

香港城市大学　MBA

第 14 期　上海 LE 学员

所谓 2012 末日来临的那个凌晨，我断断续续地做梦。在梦中，一部分具有某些共同特征的人类被选定毁灭，好像 Fringe（《危机边缘》）中的某个故事，而剩下来的人还来不及回味，也不明白为何自己被留下，于是，继续活下去。醒来后，发现我所认识的世界还是原来的模样，生活继续向前，就好像我们永远参不透天神的出题方式。

以前，我被一位朋友戏谑为"哲学大师"，我信奉"存在即是合理"，即是贡献了多样性，即是意义本身；因此懒惰是合理，因为这是所谓"无所事事的艺术"；行动力差都是合理，因为"无为而治，不变以应万变"，在这一指导思想下，万物都有其存在的意义和价值，不用努力，当下即是完美。我发现我少有真心热爱的事情，我不能理解人们的激情和冲劲，上进心曾拜访过我，在我人生的某个时候，但是我的哲学领导一直告诉我说，安于当下才是正道，因此我继续扮演不食人间烟火的仙女，不要投入战场、笑看失败才是优雅。

真心渴求着什么，努力争取什么的感觉，好像离我很远很远了；

我把人生交给某种外部的力量，既然在人生这出戏中我只是一个演员，那就按照导演的意思来，何苦自己改剧本？相信如果你看过"少年派"，也一定同意人的意志力是很强大的，那么人亦可以在谎言中生活很久，在没有生命威胁的情况下，我们一直可以告诉自己生活很好，没什么需要去改变。直到后来有一番话，点醒我所有"无为"的真正原因，其实并不是真豁达，而是害怕失败以及对失败负责。

命运真奇妙，就在我决心和我的哲学大师分手时，我报名参加了"生命智慧"课程，这个名称迂回的课程，会用专业的知识教给我们如何对待生死、亲人的生死等等。当得知有生之日屈指可数，在赴黄泉路时有个声音问我此生还有什么遗憾时，我想到自己的父母亲，想到我从不敢对他们做出的承诺再没有实现的可能时，我无法做到死而无憾。于是，像电影里常出现的那些角色，遗憾和眷恋让悔恨的魂灵重返人间，去实现未竟之事。我惊讶地发现，学习对死的准备，并不完全是为了我们自己和亲人在离开时更优雅、美丽和安详。在课程中我终于明白了为什么而活着，我的生命的意义是什么。

每个人都有自己的人生路，花了或长或短的时间明白了人生意义，对我而言，我终于明白人生要经过激情追逐、搏命表演，对自己负责而不再假手他人，这个拼搏的过程本身对我来说即是生命的意义。理论很容易懂，但体验是非常个人与直观的，别再只做个观众，来分享、来体验、来探寻你的使命和价值。圣诞快乐，活着真好！

反思人生的可能性

朱薇

北京旱耕田国际广告有限公司　新媒体部编辑

第 17 期　北京 LE 学员

　　题记：不要隐藏泪水与脆弱。最坚强的人，总是平和地与它们在一起。

　　尽管我可以不断开车故地重游，但事实上，我离那条童年的路，已经越来越远了。

❧ 生命有奇迹

　　读过吴老师写的《生命不应有边界》，不仅对她的才华仰慕，更喜欢她发人深省的教课风格；同学陈双双也十分推崇这个课程。带着几分好奇与期待，不知道两天的课程可以改变多少我对生命的理解呢？

　　北京的扬沙与狂风未能吹散大家上课的热情，终于在长途跋涉后找到京朋汇香山会所，学员们手写的学习心得小卡片是教室外一道亮丽的风景线，让见者备感亲切温馨。

　　作为北京班的第一批"生命智慧"课学员，好幸运！课程结束带来的思考也很深远——需要为自己的未来重新做规划。

如果说人的经历和年纪所带来的"我执"部分形成了"阻抗",又怎么能从内心深处领会什么是"向死而生"呢?

不知道每个人的心里是否都会住着两个小孩?一个永远精神充沛,乐观积极面对生活的种种,拥有得过且过的享乐主义精神,常说"要欢乐些呵,充满喜感!下一站的风景也许更好看,青春稍纵即逝咯";另一个则孤独封闭,爱念叨的是"我需要更多的思考和沉淀,打破思维的墙也没有什么不可以"。因为两者共存而纠结,总会引领我探索生命的奇幻,也形成随手记录一些生活点滴的习惯。

于是,在一段音乐和黑暗后,审视镜中的自己——竟会觉得如此陌生,与其说"我与我周旋久了,宁做我",还是"你真的活出了本真"?一时无法圆满地回答这些令内心惶惑的问题。于是,眼神逐渐变得闪烁、回避。三十几年来,恍然觉得对自己的认知依然粗浅,心底的声音仿佛又在呼唤自己回归曾经对理想的追求与执着。绘出心里的图案之后,更惶惑不已,回想起虚掷的流光里有多少徒留的叹息……最大的假想敌也许是内心的虚妄、困扰。

🦋 只有思念无寄处

也许有一天,熟悉的一切终将离去,是否能够坦然地接受这种结果?向死而生,能不能给我们带来内心的成长和延伸的思索?

回想最初对死亡的理解与认知,是在我5岁的时候,辛苦了一辈子的曾外祖母在84岁时离世(她的经历有如民国简史,在此不做赘述)。她走后的一年多时光里,我不时望着她过去看报纸时坐着的沙发,幻想着某天她回来坐在那儿移开报纸,然后冲着我微笑,并热情地伸出双手想要抱抱我。在她衣物上那些残留的气味则是记忆的线索,回忆常常伴着某种温度。

一直固执幼稚地相信,姥姥、姥爷可以活到我也七八十岁,他们永远相亲相爱,陪伴我成长。只是所有的道别都来不及道"再见"。在我即将回报他们的养育之恩时,他们却绝然地抽身离去……

姥姥在二度脑梗塞发病期间,最后打来的一通电话竟然还是对我生日的祝福,而我却远在深圳,不能陪伴她到医院及时救治。不幸接踵而至,相距不到一年的时间里,姥爷也因癌症离开了。

在以后的十几年的时间里,我会经常梦见他们,在梦境里去关切他们新近生活的种种。也许在天国里，他们依然惦念着我。死亡不是终结，如同爱可以传递，思念和牵挂却不时提醒着：他们曾经的存在与关爱。

而今每当我走在归乡的路上，沿途风景依旧，惟独阳光下的欢声笑语里少了他们。

以时间为轴的坐标体系

美国著名上将麦克阿瑟曾写道："回忆是奇美的，因为有微笑的抚慰，也有泪水的滋润。"生命里某些当时充满怨怼的曲折，在后来好像都成了一种能量和养分，若非这些挫折，好像就不会在人生的岔路上遇见别人可能求之而不得的人与事；而这些人、那些事在经过时间和过滤后，都剩下笑、泪与感动、温暖，曾经的怨恨和屈辱都将烟消云散。

读过一些别人写关于追述亲情、感悟生死的书籍，试图在别人的故事里找到共鸣，来治疗内心的一些创痛，就好比是照哈哈镜。每个人的经历大不同，你的经历还是自己记录下来的好。完成照哈哈镜的"实验"后，得到的结果是——留下了一些写在书页空白处的备注型读后感，发现年少时写的钢笔字比现在流利、娟秀的文字更有才情，顿觉羞赧。再者，手边经常用便签纸去记录工作上的清单，间或记录几句心情絮语，未成体系的文章很多，留下的越来越多的便签纸上的断章和概要。莫非盛年生活的几十年要浓缩在诸多凌乱的便签纸里去追忆吗？

还记得小学五年级的初夏，第一次养鱼的结果是全军覆没。因为妈妈擦玻璃时不小心踢碎了鱼缸，养了几个月的小鱼都死光光，我不敢靠前给它们收拾残局，甚至在此后的时间里再不养任何小动物，因为害怕别离。但是"无常"总会在生活里展露一下它无边的法力和决绝的姿态，比如：在乘坐飞机时遇到气流颠簸最想给谁打电话，在开车时碰到刮蹭事故后的惊慌失措；在雷雨交加狂风肆虐的夜晚，也会下意识想：这兴许是"最后一夜"呢。

那么，体味春天的到来不应该是从手机里收到的关于换季促销广告和天气即时预报的短信息；我们跟父母的交流不仅仅是停留在倾听电话里他们关切的絮叨；给孩子的寒暄也是常问"你吃饱了吗"？或者是像鸡啄米一样地亲吻宝宝，那么机械化、形式化；对伴侣的温柔也不应是在购物满足后才表现出语调可人……如果不再匆忙，做到这些，有那么难吗？春天年年会来，只是赏春人的心境无法岁岁依旧。

❧ 谁在左右情绪？

随着读书、学习的不断深入，善于思考的都会发现自己的思想意识和评判水平不断上升，兴趣和话题也在拓展，真正能对自己负责、值得依赖的，却只有自己。

从上学以后，我们了解事物经常是按照排序、排名的对照方法，久而久之，对待周遭的人与事物也会按照这种逻辑，想要卓越，就得冲在排名的前头，必得争先恐后。只是，世界上总有人比自己更成功、优秀，也总有人不如自己。这些与真实生活没有半毛钱关系，别人的生活与我们何干呵？他的人生再完美也不可能复制到我这里。每个人都是独特的存在，无法替代。人与人之间何需常常排序？去联结也许更有效率，人们拥有的共性远远超过不同。

弥尔顿在《失乐园》写道："境由心生，心之所向，可以让天堂成为地狱，也可以把地狱变成天堂。"生活完全无法预测，当我们对自己的生活负责时，就不会让别人来左右情绪，不再是生活中其他人或事的受害者。当一切按计划运行时，也不会跌跌撞撞地前行，生活从不是一系列的偶然事件。真正的力量不在于控制一些事情的发生，而是利用这些事情，去发现生活之美，生命的力量。

改变只为更美好

高妍

万通地产　人事行政经理

第 15 期　北京 LE 学员

在进入"生命智慧"课堂之前就听说，会见到一位很牛的老师，会体验一堂很牛的课程，直至进入课堂亲自体验后才深刻体会到这老师确实够牛：她的话不多，但每一句都很直击内心；她语调很轻，但句句沉甸甸，说到心间；她让课堂气氛时而活跃，时而沉寂，大家跟随她的引导偶尔舒心欢笑，偶尔默默流泪。她的课堂就像是为你的心脏做了一次泰式按摩或韩式松骨，揉搓一通后，有疼痛、有酸胀，但走出教室时，顿觉通体舒泰，身心释然。

🌸 重拾激情，期待改变

上课当天，北京刮起了今年春天最大的风，我相信那一天在所有学员的心里也同样刮起了这样一场"风暴"。大多数人也许从来没有过类似的心灵体验，即使体验过，也绝不会这么直抵心扉。

工作了十几年的我，选择把大多数的精力投入工作中，以为那才是实现自我价值的唯一平台。对于生活，虽然依然抱有热爱，但也在琐事的磨砺中逐渐失去了敏锐与热情，对外界的敏感远不如从前，甚至偶尔还会把工作中不如意的情绪与一箩筐的抱怨带回给家人。虽说家是最可靠的港湾，但是我心里很明白，如果把外界的负面情绪带回来并因此而给家人造成困扰，那就对他们太不公平了。

吴老师的课程让我意识到自己思维的局限性，并开始行动计划好未来的生活。我也第一次严肃认真地思考：我到底要做什么样的人？我在别人眼里是什么样子？我该给孩子树立什么样的榜样？当然，这并非要伪装自己，而是在真正接纳、理解自己后，努力做到最好的自己！

"如果你每天做着同样的事，你凭什么要不一样的结果？"想要不一样的结果，就要做不一样的自己，想在别人眼里变得不一样，那一定要有不一样的选择与行为。让自己放下内心的畏惧，放下犹豫与顾虑，聆听自己的内心，做自己认为对的事情，关爱家人，关爱朋友，关爱那些需要你关爱的人，以爱为名，把爱心传递给更多的人。

🦋 尝试引领改变

改变对一个人来说是艰难的，尤其是几近中年的人，意味着你要选择平时不选择的，表现出平时不表现的。每个人都有自己心里的舒适区，走出现有的舒适区，就是打破现有的平衡，那就需要再建立起一个新的平衡，在这个过程中，一定会出现不安与恐惧。克服这种恐惧让我们觉得太难了，需要巨大的勇气。

改变需要先做尝试，从一点一滴做起，也许只是平日里对陌生人的友好微笑，明天出门前化一个靓丽的淡妆，对不公事件的不妥协等等，这些细微的习惯一旦养成，我们就会发现改变真的在发生。

记得前几天我带孩子去香港迪士尼乐园玩，第一次坐过山车的他显得小心翼翼，内心充满惶恐，看到那些尖叫的大人们就更感到无助，表示不想玩那个游戏了。但因为那是他可以玩的游戏，所以我鼓励他自己尝试，不要相信听到的与看到的，一定要亲自试试，于是他真的坐了一次过山车，下来后笑得非常灿烂，说还要再来一次。我相信那是游戏带给他的快乐，更是他战胜了内心的恐惧以后得到的快乐。

改变之轮起航

在还没有去迪士尼之前，我就开始思考为什么那么多人喜欢这里，是因为这里美丽的风景，亮丽的图画，美妙的爱情故事，还是觉得仿佛回到童年的世界？最后还是米奇金奖音乐剧中的主持人道出了玄机："只要敢尝试，你就是勇敢的；只要用心去爱，你就会拥有整个世界！"多么简单而朴素的道理，也许这就是迪士尼精神，是它鼓励和吸引着更多的人们参与到其中来。也正是勇敢尝试，勇敢去爱引领着大家做出更多的改变。

走出"生命智慧"的课堂，我最想说的就是——改变！

让我们以终为始，用生命影响生命，让爱充满力量！

反思生死

重见生命之光

刘娟

四川睿华人力资源管理有限公司　常务副总经理

第 16 期　深圳 LE 学员

在"生命智慧"课堂上，当被问及接触死亡的深刻经历时，我很庆幸至今没有体会过失去至亲的切肤之痛，但当谈及我本人与死亡的接触时，我的记忆被拉回到 14 年前——我 18 岁，那是做梦都会笑醒的年纪。

❀ 生死难题的抉择

一次突如其来的意外，使我经历了暂时性失明。躺在病床上，被医生告知不能哭、不能笑、不能有任何面部表情，否则可能会引起眼睛再次出血，甚至导致永远失明。看不见东西，不知道哪天才能恢复，我感觉天塌了下来，恐惧、害怕、无望围绕着我，那一刻我深深意识到光明是我生命中不可或缺的东西；如果真的不能重见光明，我宁愿死去。这是我第一次真切地接触死亡，我选择死亡，并非因为我意愿如此，而是因为我无法选择比死亡更煎熬的"黑夜"。可是，当母亲得知了我的想法而伤心欲绝时，我又感受到了比死亡更可怕的事情，那就是深爱我的父母将永远承受无法抚平的悲痛，那种痛彻心扉的感觉比死难受千百倍。我在选择中挣扎、彷徨，为何我年轻的生命会遭遇这样的不幸？我该如何面对生活中的困难和苦难？人到底为什么而活着？怎样才算活得有价值有意义？

🦋 生命意义的思索

在那些日日不见光明的黑暗中，我不断思考着这些问题，思索苦难对于生命的意义；我开始慢慢去体会那些身残志坚的成功人士的处境和心情，曾经那些被我们认为遥不可及的伟大人物，其实他们也是有血有肉的普通人，遭遇不幸时他们没有向命运低头，而是以顽强的毅力和积极正面的心态去克服重重困难，勇往直前并最终实现理想。有了这种坚韧不拔的意志，左丘明在失明后创作了《春秋左传》，海伦·凯勒在失明失聪的情况下成为伟大的教育家、作家、慈善家，贝多芬耳朵失聪却让交响曲的旋律响彻世界……

人生其实有无数的可能性，我们就像自己生命的园丁，虽不能主导温度、湿度等自然环境，却可以根据自然环境选择适宜生长的种子，因时因地制宜地栽培能让我们生命枝繁叶茂的大树。我为"园丁"这个角色而欢欣鼓舞，一缕希望之光照进了我的心里，我不再害怕，开始对未来充满了期待。

🦋 重见光明的假想

我想象着重见光明的那一刻，我将如何去感谢和感悟生命，去开启我美好的明天。在重见光明的那一刻，我要在晨光里深深呼吸，尽情奔跑，展开双臂，像鸟儿般自由飞翔；这个世界有太多美好，我要读万卷书，行万里路，将足迹踏遍美好山河。在重见光明的那一刻，我要飞跑着去看我的家人，亲吻我的妈妈，拥抱我的爸爸，仔细看清他们的模样，包括每一个表情每一条皱纹，我要将这些深深烙进我的心里；我至亲至爱的人们，你们默默为我撑起一片爱的天空，筑起一道温暖的港湾，我要牵着你们的手一起在蓝天白云的港湾下漫步人生路。在重见光明的那一刻，我一定要去看看那些关心我、帮助过我的好心人们；我的好老师、好同学们，常常为我带来校园的气息，给我念书讲学，让我的功课不因为失明而落下，让我的身躯不因为躺在病床上而孤单。

❀ 照亮我心的生命智慧之光——拥抱当下

我很庆幸，在我的眼睛重见光明之前，我的心已经被希望之光照亮，这道光如太阳般永不泯灭。于是，我往后的生命有了光、有了影、有了色彩。半年后我重见光明，我开始了同样一片天空下却不一样的人生。这次的经历无疑是上天赐予我的宝贵礼物，它教会我如何领悟生活，如何谦卑前行，如何珍惜现在，如何拥抱明天。

亲爱的朋友们，或许你身心健康、四肢健全，或许你曾被无情的命运夺取了某些宝贵的东西，我想与你分享的是：人生短暂，最不可取的就是怨天尤人。上天是公平的，夺走你一些东西的时候必会赠予你另外的东西，只是看你能否发现那些外表丑陋但内心光亮的礼物。亲爱的朋友，愿你成为一名出色的园丁，将你的生命之树耕耘得碧绿参天！

未知死，焉知生

缪琳

空气化工产品（中国）投资有限公司　流程及改善高级经理

第 19 期　上海 LE 学员

❀ 生命智慧，解开心结

　　我的很多同学经常向我提起"生命智慧"这门课，我一边很好奇它究竟是怎样的一门课程，一边却在犹豫是否要去参加。记得在 2012 年 12 年 21 日，我发过一篇微博："要把每一天当作末日一样过得精彩。"嘴里一直在说要享受当下的我，从来都认为自己是个不怕死的乐天派；而另一个让我犹豫的原因，是担心在课程中要深度剖析自己，而这恰恰是我所害怕的。好几个同学都鼓励我去参加，说这门课程很有帮助；最后，吴导也亲自跟我聊，并教练我面对自己的担忧与恐惧。谈过后，在期待这个工作坊之余，我的内心还是有些怀疑和好奇：究竟会有什么用处呢？

❀ 死亡经历，无畏生死

　　在 10 岁左右，我人生中第一次遭遇了亲人离世，他是我爷爷。从小我和爷爷见面的机会很少，而他过世的那天，刚巧是我患心肌炎刚刚出院的日子。医生不建议我花费几个小时的车程，去到一个我不熟悉的地方，所以对爷爷的过世，我几乎没什么感觉。

然后追溯到大约十年前，外婆离世了。外婆把我和我哥哥从小拉扯大，她去世时 80 多岁。还记得那天妈妈打电话给我，我抑制不住难过的情绪，在办公室里就哭了出来。虽然马上赶回外婆家，仍未能见她最后一面。奇怪的是，到家之后，我却再没有流过眼泪，只是呆呆地跪在外婆遗体前陪着她。我一直不清楚，为什么面对这位待我最亲的人的离世，我却哭不出来。而稍后从新加坡赶回来的哥哥看到外婆之后，哭得特别伤心。他已经买好了很多燕窝之类的补品，本打算过年回来探望外婆时送给她。哥哥觉得外婆一辈子都没有享受过，小辈应该在她的晚年孝敬她，但没想到，一切都来不及了。

我自己呢？也有过两次与死神亲密接触的经历。我的身体一直不怎么好，心脏很容易休克。还记得我上高三的那个炎热的暑假。那一天下午，我和妈妈、哥哥一起在家中玩扑克，忽然感觉不舒服，之后我似乎陷入昏迷。妈妈和哥哥立刻送我赶到医院。当我坐在医生对面时，脑袋里一片空白，恍惚间，似乎看到一道光门。后来老妈回忆到，那个时候我的脸和嘴唇是煞白的，浑身无力坐也坐不稳，让家人们非常担心。虽然当时情况严重，但苏醒之后，天性大条的我又立刻恢复了日常的生活节奏，并没有去太多关注或思考死亡。

第二次是在 2004 年的冬天，我跟户外俱乐部的成员一起去黄山看雪景。我们包的大巴，选择走很少人走的西线，那是一条布满冰渣的山路。事发当时，大巴很快就要到达营地，同行的旅伴们都因舟车劳顿而选择在座位上打盹休息。突然，大巴轮胎划出一声长长的"嘎"声后停下了。大家立刻清醒过来，司机告知大家坐在位置上不要乱动，因为那刻，大巴已有近四分之一车体（包括右前方的一个轮胎）冲出山路、悬挂于山崖之外，一旦我们乱动，后果必然是不堪设想。为了平衡整个车体，最佳方案，就是大家陆续从左后方的窗户出去。而因为天气寒冷，车窗要用热水才能解冻。有些不可思议的是，当时所有人都很平静，领队指挥我们一个个左右交替有序地行走至车窗，再从车窗慢慢爬出去，自始至终我们似乎都没有表现出惊恐，而我在那次出游前刚刚经历分手的痛苦，因此在那一刹那，我似乎也觉得生生死死没什么大不了的。

有过这几次至亲离去，以及自己死里逃生的经历，现在每当朋友们提到死的时候，我都会很阳光地说："有什么可担心的，过好每一天就行了呗。"但是，我真的是阳光到无惧么？我真的已经看透了死亡吗？如果明天我即将死去，我真的毫无遗憾吗？

🦋 未来未至，完成愿望

在课堂中重新去思考这几个问题，我似乎不再那么自信与肯定。

我还有很多想去却没有去的地方：西班牙、非洲、南美洲、南北极……

还有很多想做却没有做的事情：我想去柬埔寨做志愿者、想定期去福利院做义工帮助他人、想在一片开满波斯菊的山坡上开一家温馨的小店、想参加一次马拉松、想和心爱的人一起去看北极光……

还有很多人我还没对他们表示感谢，感谢他们出现在我的生命中，帮助我一起成长、一起工作、一起玩耍……更别提我的父母，我还没对他们尽多一些孝心，带他们出去好好玩一次……

我的银行卡密码还没告诉我老妈，保险还没正式签订……

🦋 不留遗憾，坦然面对

记得两个礼拜前，我曾经发过这样的一条微信："狂风暴雨、山体崩塌、一个村庄瞬间消失。"八八"是台湾的父亲节，所以当天有很多在外的孩子回到家乡跟父亲相聚，结果也碰上灾难。死去的人固然可惜可怜，而最痛苦的其实是那些失去亲人的人，他们甚至没有机会跟亲人或从小一起长大的伙伴道别，前一天或者前一个礼拜也许还在一起谈笑风生，但是在那一刹那再也无法回头。珍惜当下，让你爱的人知道你的爱。

现在的我明白了，珍惜当下不再仅仅只是将每一天排满、跟朋友开心聚会这么简单，而是要努力将自己在死前想做的事情都做完；对所爱的人表达自己对他们的爱，安排好他们的生活；让自己的此生不留遗憾。坦然地面对死亡，做好死亡的准备，让自己真正掌控自己的生命。

🦋 未知死，焉知生

未知死，焉知生。死亡是我们唯一不能逆转也不能逃避的事实，既然每个人都得面对死亡，那就让我们更积极正面地对待死亡、接受死亡。在我们做好所有准备的时候，我们就能对死亡真正无畏。而在这准备的过程中，我们将成为自己生命的主宰者。

致我终将逝去的生命

郭芳芳

重庆渝记涵诚机械制造有限公司　副董事长

第 21 期　深圳 LE 学员

　　我人生的前 30 年，与许多人一样，四平八稳，一帆风顺，从来没经历过什么大的坎坷与挫折，更没有思考过生与死的问题。总觉得"死"这个话题离我是那么遥远和不着边际。

角色人生，孤独迷茫

　　我的个性很要强，追求卓越，一直以世俗的"成功"标准来要求自己。虽然有家族企业可以接手，但大学毕业后我仍凭自己的实力进了一家世界 500 强外企，过着自食其力的北漂生活。拼命是我的工作作风，但通过消耗身体取得的成绩，也让自己付出了代价。我的身体越来越差，精神状态也大不如前，家人的抱怨更是越来越多，于是我选择离职，随后开了一家咖啡馆，希望把自己从高压紧张的状态中释放出来，开始尝试另一种生活。但是由于缺乏经验和前期市场调查，咖啡馆经营虽不亏损，却无法盈利，生活状态非但没有从高压到闲适，反而适得其反。经营不善让我的心理负担和精神压力有增无减。心高气傲的我跌入人生低谷，理不清思路，找不到目标，就这样患得患失坚持了一年，最终关闭了咖啡馆。

经过一段时间的休整及家人的劝说，我回到了家族企业，开始承担责任。但是，对于"富二代"的囿于成见、家族企业和外资企业文化的巨大反差、小企业管理制度的缺失、客户关系如何延续、管理团队如何建设等问题，就像一块块巨石摆在面前，而我只能被动地去面对和接受。对于这种"被选择"，我心不甘情不愿，认为自己承担了一份"不可推却"的责任，是一个牺牲小我的孤独英雄。我背负着无奈和摇摆，继续艰难前行。就在三十岁这年，我成为一个母亲，似乎所有的委屈都在这一年完全迸发。我不确定自己是否已经做好准备，承担一个做母亲的责任，我也不明白自己过去这几年到底出了什么问题，为什么越拼命越苦恼，对人生很迷茫，甚至开始怀疑"接班"是不是错误的选择，我不明白我生命的意义究竟在哪里。

穿越生命，走出迷途

在这样一个迷茫期，一次偶然的机会我参加了"生命智慧"课程，带着我的迷茫，带着一些疑惑，带着一些好奇，也带着一些期许，开始了"生命智慧"的培训。刚开始我以为这仅仅是个探讨生死的课程。但是在两天十几个小时的学习中，我全身心地投入课程，找寻答案，找寻收获。现在，我觉得"生命智慧"课程可能是上天给我的一份礼物，短短的时间里让我深刻体验了生死，仿佛穿越了生命。好一句"未知死，焉知生"！原来了解死亡，对于理解生命有着如此重要的意义。在课程分享过程中，我慢慢讲述着那一刻的真实体会，也突然明白了自己的答案。生命的意义，于我而言，就是要全力以赴，活好每一个当下，不给生命留下任何遗憾。那一刻，我感慨万分，甚至痛哭流涕。

了解自己，善待自己

假如我的大限突至，我还有很多的遗憾没去完成。反思过去，我对自己的人生不够负责，缺乏真正的人生目标。我一味地追求所谓的"成功"，活在别人的标准下，就像扑上蛛网让自己被束缚，越努力挣扎，越无法脱离。我曾经为自己做过选择，却没有忠于自己的选择。无论是外企的拼命、咖啡馆的焦虑还是家族企业的承担，我都是为了向别人证明自己而盲目拼搏，在迷茫中步履维艰。我从未停下脚步，好好地静下来和自己沟通，了解自己，善待自己。终于，我明白了，每个人的生命里，主角首先应该是自己。

❦ 珍惜现在，展望未来

现在的我，面对死亡，仍然会害怕，却敢于直视。因为我有了明确的目标，所以更加珍惜生命，珍惜当下，更加积极应对。课程结束后的每一天，我都更用心去体会生活。我开始为不可预知的终点提前做好准备，还主动和亲人朋友探讨这一话题。现在的我，打开了蒙蔽的双眼，以更加开放的心态投入到工作中，脚踏实地，一步一步地搭建人生的阶梯。我想，对于家族事业，从这一刻起，我才真正开始承担。现在的我，深深感谢父辈，让我有机会在一个更高更广阔的平台上积蓄经验和力量，让我能够发挥所长。现在的我，也更加明白，过去的每一段经历都是一份成长的礼物，是实现理想的基石。梦想终将实现，成功只是嘉许，希望明天的自己可以感谢今天的自己。

活出生命的精彩

朱红芳

DELL　全球采购经理

第 22 期　上海 LE 成员

❧ 生命智慧，人生不可或缺

从我知道吴导的"生命智慧"课程到现在已经有一段时间了，7 月因为旅游而错过了和老公一起参加"生命智慧"课程学习的机会。他学完后，很感谢我介绍了这个课程给他，让他对生命有了新的认识。我很好奇他到底学了些什么，但他口风很紧，怎么都不肯和我透露课程的相关内容。就这样我带着强烈的好奇心，走进了 11 月在上海举办的为期两天的"生命智慧"课堂，虽然只有短短的两天，但是带来的收获就像是两年阅历与智慧的积累。虽然这次学习机会很偶然，但在我的人生中必然是要上这一课的，它是我人生中必不可少的一部分，很庆幸它是在这个时候以这种形式呈现给我。

❧ 重新抉择，生命之最重要

我对于自己会死这件事是很确定的，我也不会抗拒谈论这个话题，因为我觉得这只是早晚的事情，我之前觉得抱有这种想法是因为自己看得开，但在上课的过程中我才认识到，不是我看得开，而是我认为死亡离自己太遥远了，根本就没有把这件事情放在眼里。在两天的课程里，我深深地体验了一把死亡到底是怎么回事，不是那种文字描述，只能在心中淡淡飘过却不留痕迹的"死亡"，而是用心感受的死亡，那种深刻感远远超过我之前对死亡的想象。

人在面临死亡的时候心里难免会有很多的遗憾，而这些憾事只有在死亡的这一刻才会显得那么重要，死亡并未改变它们的重要性，唯一改变的是我们的选择。我们在面临死亡的时候，心里出现的是我们认为最重要的人、最牵挂的事，但是为什么在我们活着的时候却不曾留意呢？因为在活着的时候，我们选择了我们认为重要的东西，而对真正重要的东西却视而不见，就像我选择了我认为重要的个人发展，而忽视了对家人的关心和照顾。我自己选择或被选择地把日程安排得很忙，很多时间甚至休息时间都不在家。当我像陀螺一样转个不停，觉得自己很伟大很充实的时候，我没有想到父母在一天一天变老，身体在一天一天变差，我的女儿在家里默默地等着妈妈，但是妈妈很晚都没有回家，我先生晚上只能默默一个人对着电脑敲键盘。这次参加教练课程，导师要求我们写使命，我的使命是自觉觉他，自利利他，写的时候我觉得自己挺伟大，目标挺高尚，现在想来不免有些空洞，如果连自己的小家都没有照顾到，又何来伟大的目标，这样的口号是在空喊，是没有力量的，也不可能真正做到自觉觉他，自利利他。

在我的生命中有很多重要的人或事都被我忽视掉了，其中最重要的就是我的父亲。父亲是属于不善言辞，但脾气很执拗的那种人，所以我和父亲之间一直很少有言语交流，因为我觉得我说得再多，他也是听不进去的，说多了也没用。平时打电话回家，碰巧父亲接到了电话，他也会很习惯地说，我把电话给你妈听吧。父亲虽然说得不多，但是他做得很多。小时候我很喜欢吃鱼皮花生，他每次到市里卖完蔬菜都会给我买一袋鱼皮花生。长大了，我可以自己买各种各样的花生了，但是没有一种能够比得上当时父亲给我买的鱼皮花生美味。之后我有了自己的新家，家里的装修也都是父亲一手操办的，大热天的和我们一起去装饰市场买材料。为了这个家，他一直都很操劳和节俭，他不会打麻将，也不去下馆子，平时也一直都穿工作服，吃一碗大排面就已经觉得很满足。虽然现在生活条件比原来要好很多，但是一直以来养成的生活习惯改变不了。尤其现在妈妈在我身边帮我照顾孩子，一个礼拜大部分的时间父亲只能一个人在老家照顾自己的起居。

一个人的时候，他对自己的生活起居很不上心，一碗面条一把蔬菜就打发了一顿伙食。我一直在享受父亲对这个家庭无私的付出，但是我却没有理解父亲表达爱的方式，反而会觉得他顽固，不肯听我们自认为为他好的建议。正因为我对爱的肤浅的理解，让我忽视了我的父亲，忽视了他的付出、他的需求，对他的关注和有一天他终将离我而去的事实。我的父亲虽然没有用言语来表达他的爱，但他一直用行动来表达父亲的爱。我庆幸在这次"生命智慧"的课程中看到了自己对父亲的冷漠和忽视，能让我在还来得及补救的时候做一些改变，走进父亲的生活，走进父亲的心里，好好去爱他。虽然我知道要马上做改变是一件比较难的事情，比如回家看看，带爸妈一起旅游，多陪爸爸聊聊天等，甚至可能一开始的时候会觉得有点尴尬，但是如果这些小小的改变能让我父亲变得开心，令他生活得更幸福，还有什么是我克服不了，改变不了的呢！

🦋 打开心门，活出生命精彩

生命无常，我们不能够选择生命的长度，我们也没有办法选择生命结束的方式，或者生命结束的时间，我们能做的就是在活着的时候，尽量以一种智慧的方式生活，离去的时候不带遗憾。一位朋友说"智"是通过每天学习知识就可以获得的，而"慧"只有把心打开才能体会和得到其中的真谛。当我们每天沦陷在忙碌、盲目以及迷茫的洪流中的时候，当我们的心变得越来越麻木的时候，我们是否想过稍稍停下生活的脚步，对自己的生命有一个更全面的思考呢？"生命智慧"就是这样一个能够令我们重新思考生命的地方。在这两天中，我努力让自己放空，认真投入课程的各个环节，用心去体会和感受生命真正的意义。在此基础上，重新审视自己过往的人生，必定可以选择正确的前行方向，为自己下一段的生命旅程加分。我很庆幸能接触到"生命智慧"，我也希望有更多的朋友能够走进"生命智慧"的课堂，通过"生命智慧"课程的学习，打开心灵之门，了解真实的生命，走进痛苦，穿越痛苦，活出生命的精彩，让身边更多的人能感受和获得这种精彩。

感谢吴导，感谢所有为支持这项公益活动默默付出的爱心人士！

感悟生命·珍惜当下·把握未来

徐丹

高仪（上海）卫生洁具有限公司　培训主管

第 22 期　上海 LE 学员

从加入 PCP 到毕业礼结束，很多同学都向我推荐吴导的"生命智慧"课堂，还特别推荐这门课程要夫妻两人一同参加。但是大家对课程的内容却始终采取保密的态度，这让我非常好奇，究竟是什么样的一堂课，能够得到大家如此一致好评呢？终于，我报名参加了 11 月 2—3 日在上海举办的第 22 期课堂，而最让我感到高兴的是我亲爱的老公愿意陪同我一起走进课堂。两天的课程让我回忆了很多，也反思了很多，让我好好审视了自己过往的那些年，也找到了自己以后生活的目标。

❀ 与死神的一次擦肩而过

死，听起来很可怕，而我，其实算是已经死过一次的人了。那时候，我们一家三口住在城隍庙的一间只有 6 平米的小房间。有一次，妈妈去弄堂里打热水，顺手把门给带上了，而那时刚刚才学会走路的我却不知哪里来的力气，居然拉开了门走了出去。结果我从楼梯上摔了下来，被邻居叔叔发现昏倒在漆黑的走道上。正在排队接水的妈妈和在单位的爸爸接到邻居们的通知后立刻赶了回来，爸爸骑车载着我到瑞金医院求救却被告知医院没有 CT 机，当时整个上海只有两台 CT 机。于是爸爸又背着我赶到二军大，照了 CT 拿着报告返回瑞金，医生看了报告后立刻给我爸发了一张病危通知书："孩子太小了，脑袋里有积血没法开刀，只能让她自己吸收，如果消不掉，那就没办法了，每过 1 小时要挠挠孩子的脚底板，让她有反应，如果没有那就走了。"爸爸听到医生一席话后懵了，可内心极其悲痛的他还是一直尽心尽力地照顾我，每过一小时挠挠我的脚底确认我还活着。后来听爸爸说，有一次挠我没有反应，他吓坏了，但是他不肯放弃，还是不停地一直一直挠，过了半个多小时，我的脚奇迹般地动了一下。至此，爸爸在和死神的拉锯战中，终于凭借爱和坚持把我救了回来，至今爸妈的好朋友看到我都会感叹我命大。现在，我已经成家立业了，回想起来，那段经历在我的脑壳上留下了一个小洞形状的印记，却并未在我的脑海中留下深刻痕迹。只有在阴雨绵绵的天气，头痛隐隐发作时，我才会想起这段过往，而爸妈现在谈起那段经历也总是轻描淡写，但是我能够想象他们当时的心急、焦虑还有恐惧。

🦋 生活告诉我，生命无常

对于亲人的离开，我感触最深的除了我的外公就是我的表姐。我们感情很好，但就在 8 月底，爸爸突然告诉我姐姐去了。听到这个消息，我的眼泪当时就涌了出来。我不明白为什么她要选择这条不归路，她还有那么多在乎她、关心她的家人，为什么选择这样离开？狠狠地哭泣后，我从爸爸那里得知姐姐得了抑郁症，每天心事重重也不愿意跟别人袒露心声。在这两天的课程中，我又再度想起了姐姐，想到我爱的姨妈也得了抑郁症。我能够做的就是运用我所学的心理学课程去教练我的姨妈。上完课，我回家跟姨妈好好聊了聊。在她的脑海里存着许许多多过往的不愉快经历。虽然她说她已经快忘记了，但每说一件事，她的情绪仍然非常激动。她在说每一件事情的时候我都安静地听着，一边听一边握着她的手。我能感觉出来，她一开始被我握着的手是紧握的拳头，后来慢慢放松下来，最后还紧紧地回握我的手，我想她应该是感受到我对她的爱和关心。我鼓励姨妈说说开心的事情，想想有什么事情是她想做的，希望能够让她有事情做，生活有目的，而不再长时间沉浸在不好的回忆中。我真切地看到我们给予她的陪伴和关心已经让她慢慢走了出来。相信姨妈会一点一点好起来的！姨妈，加油！

珍惜当下，把握未来的自己

经历了鬼门关的我，以前一直都没有认真想过，为什么老天如此眷顾我，让我有机会留在这个世界，但是既然这是命运的安排，我就应该好好地珍惜现在的一切，过去的二十多年我似乎都在为父母活着，工作后的我又是为了生活而活着，但是"生命智慧"这两天的体验让我开始认真思考：今后的生活我应该为我自己而活，要活出自己的意义和价值，才不负老天给我的这次重生机会。想明白了这点，我开始规划自己以后的生活目标，为了实现这个目标我也制定了自己近几年的目标，虽然只是一个大的框架，但想清楚之后瞬间觉得自己以后的生活不再浑浑噩噩，眼前展现的是一幅想象中的美好画面，从此刻开始的每一步都更有方向，更有意义，更有动力。

谢谢"生命智慧"，让我学会感悟生命的意义、尊重生命的存在、珍惜当下的生活、把握未来的自己！

一个人的生命旅程

赵倩

Atwee 优质益生菌　总经理

第 26 期　北京 LE 学员；第 31 期　北京 LE 助教

　　作为一名培训师、企业管理者，在我人生经历过的 32 年中，我一直认为我会用积极的心态去面对一切，认为努力、勤奋是可以改变命运的，周围的人也说我总是带着阳光和快乐。经过朋友的推荐，我带着好奇心，在 2014 年的春天，走进了"生命智慧"的课堂。

　　两天的课程，我全身心地投入体验，这堂课带给我巨大的震撼是我万万没想到的，仿佛经历了一次自己与自己生命的携手旅行。旅行的路上，只有自己与自己的对话，面对一切，无关他人，真实、赤裸裸；途中，我选择面对、穿越、重生。显然，这不仅是一次说走就走的旅行，而且没有终点，现在我已在路上。

✵ 关于父母

　　记得小时候，父母一直很忙，我和姥姥、姥爷生活。慢慢长大后，我对父母的期望也越来越少，上了大学，我开始彻底"独立"，不再奢望来自父母的关爱。大学生活虽孤单但也精彩，我越来越少回家，越来越少给家人打电话，和家人的关系仅仅停留在"关系"

层面上。

在"生命智慧"课堂上我给自己打的分数第一个就是关于父母的，原以为可以坦然地面对，感觉他们从小忽略了我，是他们欠我的，我理所当然地把现在他们对我的一切付出当作是当年"亏欠"我的补偿，并没有怀着感恩的心态。但在那一刻，我眼前浮现出他们两鬓初白的模样，脑中闪过往日一幕幕清晰的画面，我甚至可以看见当时自己的表情，我的心被揪得越来越疼，我忍不住泪水，悔恨、自责、无语，各种情绪交织在一起，甚至让我不知道如何开口。从心痛的情绪中走出来，我开始思考自己能为父母做些什么。妈妈是喜欢旅游的人，这两年一直帮我看孩子，失去了自己的个人空间，而我也总是想着带孩子去哪儿玩，没有想到带妈妈，这一次我一定要问问妈妈的意见；我总是不停地责备爸爸爱折腾，现在发现那只是属于他的生活方式。原来我总是找各种茬"嫌弃"他们，现在却看到他们身上那么多值得欣赏和学习的生活经验。当情绪来的时候，我们失去的是发现生活中惊喜的能力，放下情绪，走出情绪，发现父母是在用他们的方式爱着我，理解与感恩是一种生活智慧。

❀ 关于爱人

和爱人 Terrance 的第一次相遇至今也没有定论，因为我们一直在争论，第一次相遇究竟是在 2006 年夏天的北京东直门簋街，还是 2007 年春天的北京平谷桃花节？但无论以何种方式相遇，反正我们相爱了。一路走来，我们携手经历了很多的坎坷，种种经历可以写成一本书。2011 年，我们可爱的女儿 Josie 出生了，和很多家庭一样，孩子带给我们的生活很多变化。在孩子刚出生后的几个月，身体的变化、家庭地位的变化、工作的变化一切都让我难以接受，情绪起伏非常大，甚至有时会表现出过激的行为和情绪，老公看到又害怕又心疼，不知所措的他，选择了逃避。我没有理会他的逃避，认为那是他的问题，我把更多精力放在孩子的身上，把孩子视为自己生活的唯一。我们无视"问题"，以为时间会让这些问题消失平复，但时间却让我们成为了住在同一屋檐下的"陌生人"。除了必要的生活交流，我们几乎不再交流彼此的想法、感受，话题也越来越少，这让我十分不安。我开始用情绪发泄、找茬、大哭等来寻求关注，而老公却更加觉得烦。在"生命智慧"课程中体验亲人的离世，想到老公时，我感觉天都要塌了，心痛到不由自主地用力敲打胸口，我发觉一切行为都无法阻止我依然爱着他的心。那个当下，我忽然意识到我们已经忘记初心、忘记爱情、忘记承诺，面对外界太多的干扰，我们只选择了"忘记"而不是牵手同行。瞬间，眼泪模糊了我的双眼，却让我清晰地看到穿越太行山时彼此的坚定，清晰地看到婚礼上我们彼此相拥的情景，清晰地看到孩子出生那一刻我们彼此双眼的泪水……我忘记了，我竟然选择了忘记这一切，我到底选择了什么呢？我自己也不知道，我知道的是，那些曾经的过往是多么珍贵。下课后老公来接我回家，一路上我只想握着他的手，希望可以找回属于我们之间的"温度"。在此之后的一段时间，每每遇到吵架拌嘴，我时而还会"忘记"，但却有了勇气去面对。"生命智慧"让我清晰地知道，不忘初心，携手面对，是夫妻携手到老的智慧。

❧ 关于自己

音乐响起，我睁开眼，看见镜中的自己，那张熟悉又陌生的脸。面对自己，我百分之百负责任了吗？面对自己，我百分之百努力了吗？

努力、奋斗、前进……我发现和自己的关系如同陌生人，目标太多，我忽略了身边很多的人。生孩子之前为工作我忽略了家人，生孩子以后，为了照顾孩子我忽略了老公，为了证明自己的价值开始新的项目又忽略了孩子！美其名曰，我都是为了你们，可是转念一想，我仿佛一直在为我自己认为对的目标努力，而不是真的为了家人。我活在我自己的世界里努力奋斗，不顾他人。我对周围的人无知无觉，如果我的生命终结在这一刻，我羞愧却不得不承认，自己没有好好表达对家人的爱。这是一次我与自己的旅行。

"一个人"的生命智慧却让我看到全家人的支持。一次自己与自己生命的旅行，穿越了时间、空间，让我看到了真正属于自己的内在空间。旅程结束时，我的世界豁然开朗，为自己设定了三个月的目标都是关于爱人、父母、孩子，我要用心去爱他们，因为我已经对他们的爱无知无觉太久了。

在写这篇文章前，我刚刚完成了"生命智慧"的助教工作，再次走进"生命智慧"的课堂，从另一个角度走进了别人的人生，感受了不一样的生命，让我再一次回忆起了那段非同一般的旅程。感谢"生命智慧"！

重识珍惜

杨莹

拓思顾问与教练机构合伙人兼总经理

第 29 期　海宁 LE 学员

2002 年 7 月，在实习期出差途中，我所乘坐的出租车与一辆卡车避闪不及相撞，撞击点离我最近，我的头部受到重创。

爆碎的巨响、天旋地转的冲撞、轰鸣的剧痛在一瞬间同时袭来……恢复意识时，我正自行爬出车子并瘫在路边。当时的我浑身是血，看得见手肘露出的骨头，听得到鲜血如注溅落的响声，却感觉不到疼痛。

真的怕死。我是父亲独自抚养长大的独生女。因为 1993 年的银川空难、小伙伴的绝症、堂姐的意外早逝，让我自小就目睹死亡有多么具体。殡仪馆空气里挥不去的压抑、白布下露出的青灰色皮肤、双亲悲痛欲绝的哭嚎……一直深深停留在我的记忆里。从小到大，相比别的孩子，我十分谨慎，不去做任何冒失的事，因为我是父亲的一切。

可意外还是发生了。

嘈杂声仿佛从很远的地方飘来，听得到有人说："120 怎么这么久都不来，可怎么办？"对死的恐惧变成了一股强大的意志支撑着我的意识。始终记得自己躺在公路边碎石上的情景，混乱、模糊却又无比清晰到有些戏剧化。

极大的幸运让身处山区、因救护车久久不能到达而垂危的我遇到了好心人。一对过路的老夫妇飞车送我到最近的县城医院，为我争取到了最珍贵的最后几分钟。

我挺过了抢救，保住了命，度过了痛苦的恢复期，打赢了索赔拉锯战。面部巴掌大的疤痕在两年内奇迹般逐渐淡去，各种后遗症亦消退殆尽。除去阴雨天里隐隐发作的头痛，已没有什么会提醒我对这段灾难的记忆。

因为这次意外，我更清楚人的生命是多么脆弱与无常。因为绝处逢生，我感激自己现在拥有的一切。能平安活着已属非常不易，不强求，不为难，不冒失。

到 2014 年 5 月之前，我认为自己是一个非常珍惜生命并且坚强的人。所以当我走进"生命智慧"课程时，我想：我差一点死去，抗争过那么多痛苦，还有什么是不能面对的？我还不够乐观么？我知道生死无常，我知道生命的脆弱，我知道人无力反抗宿命，已经全然接受生命中的变数。那么"生命智慧"这堂课到底还能带给我什么？

而课程开始后，我发现，原来我并没有真的珍惜我的生命，并没有真的珍视我所拥有的一切。

我的"惜命"，原来是一种退缩和保守。我谨小慎微，我越来越少去挑战未知，我开始惯于回避任何有风险的事，我让自己远离冲突。

我的"惜物"，原来更像是一种放不下的纠结。我患得患失，我越来越多地保卫着过去却忽略了当下，我维系着和谐，却忘记了焕新。

因为"无常"，我不再去极力争取自己最想要的事物，不再对人与事怀有憧憬期待，越来越少去声张自己的要求，越来越多对自己说"就这么着吧"。"珍惜"变成了"压抑"，"淡定"事实是"麻木"。

当我的生命结束时，我到底创造过什么意义？如果今天是我的最后一天，我又会如何去度过？我会后悔些什么？哪些人是最重要的人？我又带给过他们些什么？我错过了哪些人？哪些时刻？我放弃了什么？又有什么是真的可以放下了？

那一天，我对自己写下了这样一封信：

"我看到镜子里的你，瘦弱但坚定、充满力量。你越来越豁达、平和，你有一颗热忱的心去面对这个世界和周遭的人。你那么上进，敢发愿，也敢实现。你的正直和侠义之心，请一直保持。最好，保持好一颗好奇的心，保持自己对艺术的热爱，即使不曾走上这条道路。

在不少朋友眼中，你不断在思考、进步、变化、突破着，相信他们给予你的认可与鼓励。只需要更相信自己一些，你还可以做得更好。

你很幸福，经营好，你会更幸福。"

离开课堂后的几个月里，我开始尝试自己一直喜欢但不敢去做的事业。我对数十年来不苟言笑的爸爸说我爱你哦。我对老公说好幸运嫁给你。我开始更自在地表达自己的观点。我重新开始画画和弹琴。我开始做更多的公益分享……

终于，我打电话给曾经放弃对我的抚养权、缺席了二十多年的母亲说生日快乐……

我知道，我正在重识"珍惜"与"珍视"。再翻回曾经给自己的信中的寄语，我对自己说：你正在开始做到了。

预习死亡

生命·死亡·智慧

李政译

佛市文化传播公司　文员

第 10 期　海宁 LE 学员

"生命是一条单行线，你永远无法购买到返程票。"

因为珍贵，所以害怕失去。一直以来，我压抑着对"死亡"的恐惧情绪，常常采取回避的态度，但终究惶惶不可终日，直到我走进"生命智慧"的课堂。

⚘ 惧生畏死

来到 6 月 19 日到 20 日第 10 期海宁"生命智慧"的课堂，其实目的很简单：希望走出"生死"这一棋局。

不能承受死亡带来的离别之痛，害怕失去后的孤单，尤其不敢面对至亲之人的离去，如果用心理学方法划分，对于死亡，我还属于幼稚心理期。

而这种一害怕就想逃的心态令我不能勇敢去面对人生归宿的问题，情感上依旧没有"断奶"：一旦痛苦降临，我就会条件反射般地去寻找救命索，而这似乎只有父母能够给予，因此更加依赖至亲，同时也更畏惧会将我们分开的"死亡"，畏惧生之多艰。

没有能力找准自己的定位，去应对死亡本身，参不透生活的真正价值及意义，又无力担负责任，安抚身边丧亲之人，对他人帮助的可能性根本无从谈起。

所以，于我而言，过往的岁月都是懵懂的，不尊重死亡的生存，世事风情便了无痕迹，如同吃饭未嚼食，饮茶未品茗，观景未开眼这般轻飘飘——缺乏生命的厚重感。于是，本着对自己负责的态度，我选择生命教育课程，选择了第二次成长。

梦死醉生

何谓"生命智慧"？带着好奇，我走进了吴导的课堂，真有点梦死醉生的感觉。

"谈智慧，先谈死亡——'以终为始'！"未给我们任何的心理准备，吴导开口就是"死"。当我们还在慢慢思考是否能在感情上接受这个死亡时，吴导又下了一剂猛药："你有没有想过自己的后事？""你对自己的后事有什么安排？……"

一连串的追问频频挑战着我们的"底线"，其中一名学员反问道："这样的课堂是不是太消极了？还没死就想死呀！""惊世骇俗"的话题让我们既震撼又试图回避。于是，我心底的声音开始抗拒：Stop！Stop！Stop！

吴导以"死"带我们回头看"生"，层层剖析死亡背后"生命来之不易"的本相，逐渐令我和其他学员安静下来，更让彼此理解了"由死悟生"的独特感受。

当搭档秀娟问我"为何对死避而不谈"时，我坦言了自己的恐惧。年龄相近的她也分享了对死亡的看法，不过她的观点相较于我则显得更为理性，她还劝导我如何转化恐惧。彼此坦诚的交流，加之吴导从旁指点，一下子拉近了我们的距离，明白了生命无畏的本质，我也尝试着改变已有的固执想法。

随着课程的推进，大家也就逐渐进入了"角色"，渐渐认同这种"由死入生"导入手法的深意。可就在我们以为自己懂"死"时，吴导又下几剂猛药，令我更彻底地体验到"梦死"与"醉生"。"生之所以可贵，而死之所以可怖"只因"生之短暂"，但很多人却在有生之年不能全然生活。当死亡靠近我们和我们珍惜的人，我们泪流不止，我们流下的不是悲伤的泪，更多的是悔恨的泪，这泪是为自己不懂得珍惜亲爱的人而流，也是为未能好好尽孝而流。

当庆幸自己还有时间去珍惜亲人的那一刻，所有的恩怨都已释然，所有的仇恨都化为乌有，生命不再执迷于怨恨，更多的是宽恕与博爱。

很多学员带着抱怨的情绪走进了"生命智慧"的课堂寻找答案，他们压抑着自己去维系与亲人、朋友、同事的关系，而课堂结束的时候，他们对生命认知有了一个质的飞跃，大家都豁然开朗，原来生命可以更美好，原来更多被自己忽视的人需要去珍惜！

直面生死

当我流泪不止的那刻，我笑了，因为我还来得及——来得及去珍惜自己、珍惜身边的每个人！于是，我当晚就给父母打了电话，告诉他们我很好，请他们不用担心。其实在这之前的一天，我还抱怨过母亲，大声告诉她不要干涉我的生活。

放下电话，我静了好久，用这一两天所学到的生死智慧去反省，明白自己作为成年人该尽的责任与孝道，也清楚地意识到生命与亲人无可替代的可贵性。于是，挥手告别之前的害怕、恐惧，以具体的实际行动来表达自己珍爱家人、珍惜生命的态度，让我更多了一份直面生死的勇气与担待。

当一个灵魂安静时，充实而又饱满的精神状态足以令他无所畏惧，对于前方的路也就更清晰。伏在案台，我暗自规划了人生的舞台，不再迷惘、摇摆。尤忆吴导真切感言："当一件事令你左右摇摆时，你就以'死'的时刻来抉择！"

了解死亡，不是揭露残酷的事实真相，而是获得勇往直前的生之勇气。还记得一位命运坎坷的女士，一边流着泪讲诉自己的不幸，一边坚毅地写下对"生命智慧"课堂的感触："以'死'作为'生'的动力！"我想这足以说明这个课堂给所有人带来的生命勇气与智慧。

"生命智慧" 有感

陈蒙凡

美国圣地亚哥加州大学传媒专业　2014 年毕业生

第 11 期　上海 LE 学员

烧灼凤凰的火，不是死亡，而是恐惧与悲哀。

我乘坐一架白色的飞机，天空是蓝色的，
下面是黑色的大海。
飞机从一开始就不平稳，在某个瞬间急速下落。
于是我从梦里醒来。
买完机票后，我连续做着这样的梦。
死亡，一直以来是我最害怕的命题。
就像其他很多人一样，这是最深的恐惧。

记得很久以前，外公病重，
躺在病床上的他对我伸出手，我却因为害怕不肯踏进病房。
那天说的"再见"，其实是永别。

中学一起与我排练话剧的男孩，
因为膝盖疼痛，常常提早离开，

而我总是在排练时对他极其严格。

暑假到来的时候，他却早早地走了，我甚至没有说再见，

他被查出骨癌晚期。

当我再次看到他时，他已是一具小小的尸体，用黄布裹着，躺在沙发上。

再也无法与我顶撞，再也无法深情地演出。

于是我讨厌说再见，更讨厌离别。

因为有一些人上一秒还鲜活地出现在我生命里，下一秒却已永远淡出。

而我同时也害怕，自己会淡出我爱的人的生命。

我一直以为我害怕的是死亡本身。

直到我完成了"生命智慧"的公益培训课程。

这才发现，

我害怕的，是因为死亡而无法再去完成的事。

我害怕的是遗憾，是亏欠，是遗忘。

如果生命再来一次，我会走到外公身边，握住他的手，

告诉他，我好爱他。

如果生命再来一次，我会告诉那个男孩他表现得很好，

至少，说一声"再见"。

这样，他们在我心里就可以永远是那个温暖快乐的样子，

他们的离去，就不会给我的人生带来像现在这样永远无法抹平的伤痛，

在以后的日子，我也不会因为哪怕一次短短的离别而惶恐万分。

如果我不曾对他们有遗憾，他们的死亡在我的心里或许可以更安详。

在"生命智慧"的课堂上，

我们互相分享，互相扶持，倾诉深埋心底那些难以言喻的伤痛。

大家都流泪了，却再也不是歇斯底里的恸哭，

而是让那来自死亡的恐惧与阴霾从心底缓缓流出，彻底倾泻。

无法走出死亡的人们，永远活在黑色的过去。

"生命智慧"是一个出口，

而"正视死亡",是唯一的通行证。

我感恩我经历了疼痛,
于是我得到崭新的人生。
烧灼凤凰的火,不是死亡,而是恐惧与悲哀。
浴火,方可重生。

于是我们终有勇气看向未来,
把每一天都当作生命的最后一天,痛痛快快地活,
不为外物浪费宝贵的时间。
好好爱每一个我们深爱和深爱我们的人。
为死亡与失去,做好最沉着与淡然的准备。
把幸福带到自己与他人生命的最后一刻,
不留遗憾。

突然发现,
没有了遗憾,幸福地离开这个世界,
也可以是一件很美丽的事。

预习死亡

聊聊死亡这件事

谭晶美

深圳大学化学与化工学院　2013 年毕业生

第 20 期　北京 LE 工作人员

死亡是什么？面对亲人的离世该怎么办？我想是恐惧，深深的恐惧。我怕有一天会失去他们，失去我爱的人，就像一个人突然没了胳膊，除去断臂之痛，每天还要面对"我已经没了胳膊"的事实！于我而言，这将会是永远的痛楚和阴影！

❀ 近距离接触"死亡"

和死亡的第一次接触，是我的曾祖母过世，那时我读小学四年级。曾祖母走的时候 88 岁，算是寿终正寝，后事安排得也算及时妥当。按照家乡的习俗：逢有老人去世，亲朋好友们都会聚在一起，热热闹闹地送老人上路。还记得下殡前，曾祖母躺在堂屋（农村的客厅）的凉席上，与家里来来往往的人流显得那样的格格不入。我嚷着问妈妈："老太（曾祖母）躺在地上不冷吗？"妈妈没有回答，只是轻声地说："小孩子不能大声说话，出去玩！"

可能是因为和老太的接触比较少，且每次她都把我错认为是姑姑，所以我对死亡的第一份记忆没有太多感情在内，亦没有感到许多悲伤，只知道"死了"就是永远离开了，再也见不到了。还有就是：有人去世时，小孩子是不能大声讲话的。

对死亡真正有体会的是在高三那年，同学的奶奶去世了。当时正值高考冲刺期，每个人都在挑灯夜读，情绪也比较敏感。班主任担心同学们的情绪受外物影响，所以即使放假回家复习期间也会格外关心每个人的心理变化。于是在这种紧张的氛围下，班主任和同学家人商量后决定一起瞒着同学她奶奶去世的消息，直到高考结束。后来她究竟有没有考上好的大学我已经不记得了，唯一记忆深刻的是她在得知消息后哭得撕心裂肺，等平复下来时抽泣着对我说，她很后悔当初没有好好陪奶奶说说话。同学的奶奶在生前患半身不遂，整日瘫在病床上，而同学的爸妈因工作忙不能一直在旁照料，所以奶奶平时几乎没有可以说话的人。同学对我说："你知道吗？我和我姐回去的次数也不多，但每次回去奶奶都非常开心，我姐是在家待不住的人，即使回去了也喜欢往外跑，而我也仅是偶尔陪老人说会儿话、帮她梳梳头。但我时常能感受到奶奶期盼的眼神，她是多么希望我能留下来陪陪她啊。可现在，我再也没有机会陪她说话了！"

那一刻，看着她哭红的双眼、听着她满是悔恨的语言，我才明白死亡是多么的可怕。也恰是当晚，我做了个梦：梦到我的母亲不要我了，任我如何哭喊，她都不理我。我挣扎着苏醒，才发现这是一个梦，幸好，这只是个梦！早上一起来我便往家里打电话，听到母亲的声音的那一刻我就哽咽了："妈，我梦见你不要我了！"我能感受到母亲在电话那边微微一笑，"傻妞儿，我怎么会不要你呢？"

幸好，爱的人都还在

同大多数人一样，我想绕过"死亡"二字，因为它代表着每个人都无法逾越的痛楚，因此我们总是习惯性地想逃避这些潜在的伤害。

遇见"生命智慧"是一场震撼，同样也是一场动人的缘分。我曾作为工作人员两次支持其现场培训，而最令我喜欢的是学员分享。每个人都静静讲述着自己的生命故事，他们的丧亲心路，他们的陪伴历程，他们心中的遗憾与愧疚，以及他们别后的感恩与不舍。在他们的故事中也经常伴随着我自己的感悟与反思：他们做到的我都做到了吗？他们没做到的我如何才能做到？正是他们的分享支持我绕开中国传统生死教育的死胡同，可是我如何才能走向"不惧死亡"这个终点呢？

前一阵子，我读了"生命智慧"课堂上推荐的一位台湾作家写的《死前要做的99件事》，当父母看到书名后满是不解，觉得很晦气：活得好好的，谈什么死！但当我告诉他们"向死而生，了解死亡，是为了无遗憾、更好地活着"这个理念时，他们便默不作声了，我看到母亲在沉思。父母年纪大了，肯定也想过这个话题，但只是放在心里，和自己对话，从不对儿女提及。但当孩子长大了，懂事了，有了自己死前 to do list 清单，却发现还不了解父母以及最爱的人关于生死的真正想法，对他们而言，这将会是人生的一大憾事。而我呢？我也从没和父母沟通过。因此我决定在完成这篇文章后，放下 iPad，好好和父母聊聊，尽力去支持他们完成清单。

坦白说，时至今日，我仍不能坦然地面对自己或是任何一个亲人的离世，但我深知自己是幸运的，因为我还年轻，我爱的人也都还在，我有机会去包容、去理解，也还有机会去做些什么，不让自己留遗憾。

其实死亡有什么可怕呢，我们每个人都在路上，每个人也都会经历死亡，但如何面对死亡才是最重要的。我希望每天睁开眼时，都能时时提醒自己，并问问自己：我做好准备了吗？

用心寻找生命的智慧

李香

烟台南山学院计算机科学与技术专业　2012 年毕业生

第 22 期　上海 LE 学员

2013 年 11 月 9 日，在上海市闸北区彭江路 602 号大宁德必易园 e 栋蒲公英会议室，我以行政人员的身份参与到第 22 期"生命智慧"课程的后勤服务工作中。

从"生命智慧"课程结束到今天，我才真正有时间坐下来回味这场公益课带给我对生命的感悟，有些体验，如果不及时记录下来，随着时间地流逝，终究会被我们淡忘，不如现在就用文字记录下来。既然有感动，就留存下来，哪怕仅仅是一抹微笑，一个眼神，一句不经意的话……能唤醒我们内心最柔软的那一处莫过于从心而出的那份感动。

❁ 面对死亡，感叹生命无常

对于还处在人生最灿烂阶段的我而言，死亡应该离我很遥远，同时出于对死亡的恐惧，我对这个话题一直避而不谈，因为我不敢想象，如果那些爱我的人和我爱的人离开这个世界，我该怎么办？过去的一年中，从小一直很熟悉的大爷、大娘都因为得癌症而相继去世，我开始感叹生命的无常，也不断告诉爸妈该如何去养生，如何去注意身体，我知道，我所做的一切都是为了爱我的人可以和我在一起久一点。但是，谁也逃离不了死亡拼命的拉扯，终究，我们还是会和所有爱我们的人分别。

❀ 亲人离去，学会珍惜眼前人

我从小在姥姥身边长大，所以对于爷爷没有什么深厚的感情，可当爷爷去世、真正要与他分别的时候，还是控制不住自己，哭得稀里哗啦，或许，这就是血浓于水的亲情。当时我回头看爸爸，他表现得很坚强，一直没有掉泪。爸爸从小没感受过太多父爱，他当时的心境我无法想像，或许，他也很想哭，只是他要在所有人面前坚强而已。但每当爸爸出去应酬喝醉回家之后，他都会小声抽泣，说想爷爷和奶奶了。那时候我和妈妈也会跟着爸爸一起哭。可第二天早晨，我对爸爸说他昨晚哭着说想爷爷奶奶，他总是不承认，或许他真的不想让人看到他脆弱的样子。如今，爸爸戒了酒，这样的情景再也没有遇到过，可妈妈告诉我，每次他们送我去车站的时候，爸爸都会在角落里偷偷地抹眼泪，听到这时，我的眼泪止不住地夺眶而出。这仅仅是暂时的分离，我们还有见面的机会，这种短暂的离别都让人那么揪心，如果永远不能相见，那我们又该如何承受呢？

姥姥今年90岁了，在我们那个镇里，已经算是高龄了。爸妈一直很孝顺她，也一直尽可能地给她最好的照顾，爸爸经常说："人在的时候要好好孝顺，人走了，嚎啕大哭又有什么用呢？"是呀！生命无常，我们此时能做的，就是珍惜眼前人，尽可能让他们快乐幸福。

❀ 生命智慧，人生不留遗憾

还记得在"生命智慧"课堂上，吴导放过几条短片。年逾古稀的玉妹婆婆，自己吃饭，自己行走，她说不想因为自己老了，就要麻烦儿女。看到她对待死亡的那份淡然，我由衷地佩服。虽然最后她走了，但她为自己的生命画上了一个圆满的句号，未留任何遗憾。还有晞晞，一个那么年轻的孩子，脑部却长了肿瘤，经过3次复发，因为难忍疼痛的折磨，想过自杀，可他连咬舌自尽的力气都没有。也就是在那一天，他决定不去抗争，把自己的余生投入到教会的服务中。我清楚

地记得晞晞的话："可能别人活到 80 岁都不知道为何而活，而我做了他们一生都
无法去做的事情，我值了。" 我相信，玉妹婆婆和晞晞在天堂一定过得很幸福，
因为他们在离开时没有任何牵挂和遗憾。

未来的路，用心感受生命

　　生命无常，珍惜当下的每一刻，每一个人，把每一天当最后一天去过。既然
我们无法决定生命的长度，那就让我们去拓展生命的宽度。如果生命只剩下数得
过来的日子，你还有哪些事情想做呢？当你离去，你希望墓志铭上面刻着的是什
么？当这些沉重的问题来到时，最好的方式，就是安静下来，自内心深处找寻答
案，那么未来的路，就知道该如何走了。人生中的不可预料，用心感受，有时也
是一种幸福！

　　写完这些句子，我拿起手机给爸爸妈妈发了短信，有些话现在不说，更待
何时？

预习死亡

先死而后生

陈嘉敏

华南农业大学公共管理学院　2014 年毕业生

第 24 期　广州 LE 工作人员

2013 年的冬至，本应是和家人温馨团聚的日子，我却选择留在广州，走进"生命智慧"的课堂。当下给我的生命感悟，如果不用文字记录下来，我怕随着岁月年轮的碾过，这段记忆会被淡忘。

🦋 记忆中的死亡

爸妈是思想传统的人，从小到大，"死亡"这个话题在家里从来不受欢迎，不仅只字不能提，就连不吉利的话妈妈也不让说。记忆中唯一一次与死亡亲密接触，大约是在我 7 岁那年，妈妈带着我去参加一个远方亲戚的葬礼。在场的大人们头戴白花，身穿黑色素服，表情凝重，有的抱成一团，有的围在大厅中间的棺木旁失声痛哭。那时，我还不能理解为什么他们哭得那么伤心，只体会到原来死亡是一件很沉重的事。

小时候很怕一个人睡，熄灯之后在黑暗中躺着，我想到最多的就是死亡，胡思乱想着会有鬼怪跑出来把我吃掉。每次都不可避免地想到：如果我死了，阴阳相隔，再也看不见爸妈、听不到这个世界的任何声音，更没有了爸妈的呵护……好可怕！每次我都把自己吓得泪流满面。在我幼小的心灵里，失去父母是这个世界上最惨痛的事情，所以我常默默地发誓：将来等我长大了，一定要当一个发明家，发明一种长生不老药，这样我和家人就可以永远在一起了。

🌿 每天都在走向死亡

一直以来，我都认为死亡很遥远，至少要等到四五十岁后才会去考虑，二十岁的大好年华，是应该用来规划未来的黄金时期，而不该用来思考这么"不吉利"的话题。但是"生命智慧"告诉我，我一直都错了。

在课堂上，学员们哭得声嘶力竭，我感同身受，深深理解他们心中浓浓的内疚，太多事情没有完成而带来的遗憾，更懂得这些遗憾引发的令人歇斯底里的悲痛。我想，大多数人都跟我以前一样，没有正视死亡，甚至抗拒死亡，更别谈准备好死亡这件事。

不是年轻就可以不用思考死亡，人终究会一死，我们每天都走在通往死亡的路上。

2014 年寒假回家，我发现爸妈老了很多，妈妈的头发明显添了许多银丝，微笑时眼角的老年斑很是显眼，一向笔直的脊背开始佝偻了；而自恃身体健壮的老爸也因一场小感冒而变得面色黯淡失去了往日的风采，他现在越来越喜欢喝粥了，即便是吃饭，也要细嚼慢咽。

我知道，如无意外，他们会比我先走，但现在突然觉得他们老了很多，似乎连走向死亡的步伐也快了很多。我无法改变生老病死这个自然规律，我只能正视亲人终将离开这一无可回避的事实。了解父母向来避讳"死亡"这个话题，因此我转换了跟他们聊天的方法，"如果明天就世界末日了，你要怎么办？"我试探地问，一开始他们对这个话题还是反应剧烈，然而久而久之，或许他们也想开了，竟开放了许多。我终于了解到他们期望简单的生活、一切从简。而我自己，比以前更加孝顺和关爱他们，不仅要让自己过得充实，并且要让他们放心。

🌿 从死亡中寻找活着的意义

死亡是一个伟大的发明，每个人都会经历。在死神带走我们前，我们可以选择无所事事地消耗人生，也可以选择充实地过好每一天。正视死亡，从死亡中寻找活着的意义，从终点看起点，从而更加珍惜自己和别人的生命。先死，而后生。

课堂上有一位学员说得很好："我从不知道死亡和意外谁先来临。"是的，生命中有太多的意外，我们能做的就是把每一天都当成是生命的最后一天，不留遗憾地活着。过去二十年的岁月，我已无法挽回，珍惜当下，活好现在拥有的每一天才是对自己负责的行为。孝顺父母，从这一刻做起，不要留下"子欲养而亲不待"的遗憾；每晚抽 20 分钟去阅读书柜上的书籍，不再以"太忙、太累，明天再说"作为搪塞自己的借口；每天慢跑两公里；想学的东西和想做的事情趁早去做，比如停滞已久的书法，不再给自己借口拖延，因为从高中时期到大学结束，我已经浪费了整整 7 年。对于习惯把事情拖到"明天"才做的人，幸福不会敲他的门。

感谢"生命智慧"，让我在刚大学毕业时就对死亡产生了"危机意识"，并且让我更加爱惜自己的生命。因为我还有很多想去爱惜的人，以及许多想做而未做的事情。我更希望这个课程能让更多年轻的一代提早正确认识死亡这个话题，不要挥霍年轻的资本，早日做好准备，好好珍惜每一天，在死亡来临前让生命更加精彩。

在最美的台湾遇见死亡

周美宏

上海财经大学会计学专业　2015 年毕业生

第 25 期　上海 LE 学员

　　参加"生命智慧"工作坊第一天课程当晚，我轮番品尝了人生的五味，以致我坐在回学校的公车上时，仍在愣愣地发着呆。第二天早上 6 点，我就早早醒来，本以为已经放下的许多东西，却在不经意间再次从心头涌起。

🦋 死亡，距离我们并不遥远

　　是的，死亡离我们并不遥远，4 个半月前我就在最美的台湾遇见过死亡。

　　2013 年 9 月，那时我上大学三年级，和四个同学一起去台湾逢甲大学交换学习。从入台起的每个周末我们都会出去游玩，从鹿港到高雄、台北甚至到澎湖。10 月 25 日，我们坐船颠簸了一个小时后来到了美丽的小岛"绿岛"。浮潜在美丽的海域，我第一次看到了神奇的海底世界，晚上和小伙伴们逛了当地唯一的小街，吃特色的美食。第二天，一大早起来我们仍非常兴奋，计划着去泡朝日温泉，一切都是那么美好。骑着环小岛的电动车，我哼着歌，迫不及待向着目的地出发，甚至一直催促小伙伴们不要在小景点处拍照而耽误了时间。开始的路段不断盘旋向上，我骑得很慢，所以一直落在队伍最后。突然，一个转弯，眼前的路全变了，险降坡加急转弯，我感觉车速越来越快，心里变得特别恐慌，小学骑单车时在大陡坡上摔晕了那一幕突然闪现在脑海。我连忙按下刹车闸，可是已经无法控制住车子，之后车子失控，车头猛地往左边一转，然后我就什么都不记得了。

走在前面的小伙伴察觉我不见了，回来时，发现我已晕倒在地上，浑身都是血。再次听到这个世界的声音是佳霖在轻轻呼唤我的名字，醒来后感觉周围好吵好嘈杂，发现自己正躺在地上，满身是血，好困惑。怎么会突然变成这样？到底发生了什么？这时，救护车赶来了，我第一次被工作人员七手八脚地抬上救护车。

面对意外，人真的好脆弱，刚才还活蹦乱跳的我，现在只能躺在那里任人摆布了。我感觉自己的意识在一点点恢复，但脑子里一片空白，只有一个念头：我不会是要死了吧。我不由地惊恐地盯着救护我的医生。现在回想，如果当时我没有醒过来的话，可能就在稀里糊涂中死去了。

当时嘴巴肿得已经基本张不开了，绿岛只有一间小诊所，只能做些简单的伤口清洗处理，我需要被送到台东的医院救治，但是船不能坐了，飞机也要等下午的。我只能躺在那里等待，半梦半醒间，听到朋友在给我爸爸打电话，和医生讨论着什么，而我只能看到天花板和墙上的钟，当时的时间是上午 9 点多，佳霖俯下身对我说飞机要 1 点才来，那一刻我好绝望，在这么长的时间里我会死吗？

终于顺利抵达台东马偕医院，接诊的大夫怀疑我会有脑震荡，直接把我推进了 CT 室，眼前那个神秘仪器带给我无限恐惧，我也不清楚自己伤得究竟有多严重，等待结果的过程是又一次煎熬。听到护士们说，来了一个新病人，她有生命危险所以要先推她进手术室。紧接着，我听到了几阵痛苦的叫声，然而没过几分钟我就被推进去，我听见护士在对那位伤者的家属说，我们帮你们联系殡仪馆吧。从小到大第一次如此近距离地感受一个鲜活的生命在我的身边逝去，她的叫声还回荡在我脑海，可是短短几分钟她就匆匆走了，原来死亡可以来得这么快。接着，医生开始在我脸上缝针。我不知道过了多久，只感觉时间走得很慢，绝望、恐慌、不解，心里有太多的声音。

🦋 亲情无价

出院以后回到台中的学校，从死亡的边缘走了一遭回来，对生命有了更多的思考。那时因为怕妈妈担心支撑不住，只敢告诉爸爸，而且只说是小外伤，现在回忆起来，觉得自己好不负责，要是我真的死在台湾，爸爸妈妈一定会遗憾内疚一生。爸爸暴躁的脾气曾经伤害过我和妈妈，我也一直觉得自己对他而言一点都不重要，经历了这次意外后，他说："感谢所有帮过我的人，感谢上天帮我把他留下来。"听到这句话的那一刹那，我哭了，所有的误会和怨恨都消失了，我唯一能感受到的是深沉的父爱。

拆了线，身体稍微恢复之后，我坐下来认真地给我的爸妈、叔叔、弟弟，以及妹妹写信，突然间有许多许多的话想对他们说，有许多许多的爱想去表达。选好了在台湾拍的照片，赶快去冲印了30张，在背后仔细写下日期和地点，寄给他们，这样他们在想念我时就可以看看照片。再后来嘴巴消肿可以说话时，我第一时间给爸爸妈妈打电话报平安，后来在台湾的日子里，有事没事只要想起他们，我就会立刻打电话回去，尽管有时只是简单一句：爸妈我没事，就是想告诉你们我想你们了。

🦋 重新思考人生

经历过死亡，突然感觉死亡离我们真的很近，那段时间里想得最多的就是在死亡面前什么才是最重要的，这让我在生活里也学会了很多，学会了与人分享。我开始去盲人重建院做义工，更加投入地参与每周的禅修课，也愿意一整天待在精舍，发心为大家服务，做这些事情时我能感受到心里充溢着静静的喜悦。寒假时，我没有像往常那样选择留在台湾实习，而是立刻回家，想多陪陪爸妈、弟弟、妹妹。现在有想做的事，也不会再像以前那样犹豫不决，而是立刻去做。

短短两天的"生命智慧"课程，让我又一次体验了死亡。我感恩这些可以提前流的泪水，提前感受的心痛，提前感受的遗憾，让我收获这四句箴言的真义：向死而生。

死亡告诉我

周美宏

上海财经大学会计学专业　2015 年毕业生

第 25 期　LE 学员

从大学二年级起，我就察觉"认识自己"是个很让人困扰的问题，于是我选择了参加"Diggers 掘行者训练营"① 以及青少年夏令营教练培训。做小教练、带营队体验过许多次后，我发现"了解自己"就是想要不断内观自己。大三时我去台湾交换学习，认真上了台湾的禅修课，并在最美的台湾遇见了死亡。所以当看到徐丹老师参加完"生命智慧"工作坊的分享时，身在台湾的我立刻报了名。一直期待自己能有勇气面对死亡，找到生命的意义，于是带着很强的意愿，3 月的周末我来到了"生命智慧"的课堂上。

❧ 亲爱的，我好好爱过你吗？

在音乐声中，我闭上眼睛，回忆过去的生命，听到这句"你对

① Diggers 掘行者：赋启青年发展中心在运行的核心公益计划，推崇年轻人由内而发的挖掘自身潜能优势，致力于培养具有领袖气质、教练技巧、动手能力，以及公民精神的专业志愿者。

自己过去的十年还满意吗?"我的眼泪"刷"的一下子流了下来,泪水划过面颊很快流到脖颈里,心里感觉好痛,原来这就是遗憾的滋味。睁开眼,望着镜中的自己,眼里噙满了泪水。熟悉吗? 我问自己,答案更多的是陌生。我好好爱过她吗? 如果死亡在此刻来临,已逝去 22 年的生命里我有太多想做却未做的事。当时的自己写下了这样一段话:"亲爱的自己,对不起,在过去的 22 年里,我没有好好爱你,一直不敢接纳真实的你,不相信你,甚至觉得你不美,有点胖,既不优秀也不懂得自制。可是如果你死了,鲜活的我也将逝去。第一次发现,亲爱的你,你的眼睛明亮纯净真的好美,你的微笑带着泪却是最灿烂的美好。"

✿ 正视死亡

当生命逝去,我自问,在我的生命里能留下些什么? 最后,我写下了这样的句子"助己,接纳真实的自己;助人,以生命影响生命。让别人的生命,因为我,而变得更加美好。"第一次去想象自己的"身后事",我的心告诉我,我想要的不是悲伤,而是一块晴天下的安静草地,不需要其他东西,只要一张记录自己最灿烂笑脸的照片足矣,每一个经过的人能微笑着分享一个关于我的故事。我想安静、优雅、知足地离开这个世界。

当走完那段路,打开那扇门,眼前的一切让我瞬间又流下了眼泪,生命里的回忆开始涌现。什么重要什么不重要,谁是你生命里最在乎的人,全部找到了答案。我感觉好压抑,因为我听到了自己心里太多的不舍和困惑的声音。当那些声音出现,才发现原来死亡不是你一个人的离去,而是有太多的情感,太多你在别人生命里留下的痕迹,难以割舍。死亡不是一件潇洒的事,不是告别现实、逃避现实的工具,更不是儿戏的凄美,它是一件需要我们认真正视的事。

✿ 没有你的画面,我好痛

当我体验到最爱的你也会离我而去,我的泪水不断地涌出。过去习惯你的存在,习惯你的关心和爱,却从未想过有一天你会离开我,从未想过每一天那些熟悉的画面里会再也没有了你。还记得小时候你总是帮我暖冰凉的被窝,记得你亲手给我做的布衣服,记得你在公交车站接我回家时满眼的泪水,记得你抚摸着我的小脑袋，记得每次离开时你消瘦的身体拥抱我时，身体贴得越来越紧，记得你的音容笑貌，你生气沉默的样子，你开心大笑的样子。我体悟到对你强烈的不舍、你对我沉重的恩情与爱，我更加止不住哭泣。

结束分享时，我感恩自己有机会去体验到生命里没有你的痛，单是想想心里都会特别难受的画面。擦干眼泪长出一口气，幸好你还在，可以让我好好珍惜，原来你在的每一个现在，我是多么的幸福。

课程结束后我就给爸爸妈妈发了短信，简简单单只有一句话：我爱你。

✿ 生如夏花，死如秋叶

翻开生命手册，静静地看，细细地看，原来死亡是这么的郑重其事，值得好好去准备。你要为自己的死亡做好规划，不要让爱你的人在揣测你的喜好中加倍痛苦煎熬。让你爱的人也能够更好面对死亡，亦是对他们生命的珍惜和爱。回想在课程中吴导给我们看的一个个视频，发现自己有许多观念在改变，了解了如何做好善终，舒缓治疗等观念，作为生者，要以怎样的心态慢慢学着接纳所爱之人的逝去。生如夏花绚烂美好，同样死也该如秋叶一样静美，生命应该得到应有的尊重。在你最爱的人的最后时光里，给他应有的爱和尊重，满足他最后未了的心愿。因为对的爱让人幸福无憾，错的爱却给人带来无奈的痛苦。

我非常认同一句话：能者善生。有勇气面对死亡，体悟生命智慧，是为了更好地珍惜还在的生命。其实，离开前想做的事在这一刻就开始做，想要表达的话从这一刻就开始说，这样才能在夏花绚烂之后，静静且无憾地欣赏秋叶的静美。感谢爱相信，感谢吴导，感谢每一个人的真诚分享，感谢在对的时间遇见你们，以生命影响生命，以爱唤醒爱。

突破迷局

李梦竹

上海大学生物工程专业　2014 年毕业生

第 25 期　上海 LE 工作人员

　　为期两天的"生命智慧"课程结束了，留给我的震撼却难以言表，千头万绪，直指内心。我曾做过"艾滋病人·关爱生命"的志愿者，自认为死亡的话题于我而言已经不再陌生，但"生命智慧"课程直击心灵的程度，却在那一刻令我痛哭不已，难以抑制。

　　当局者迷。生活中，我们常常会忽略自己真实的感受；然而令我庆幸的是，"生命智慧"让我有机会重新审视困在迷局中的自己。

❀ 且行且珍惜

　　我自以为对死亡已经释然，但当它真正要来临的那一刻，我才明白，自己从未准备好。"死亡"不仅仅教会我试着"放下执念"，更重要的是，它让我"向死而生"，相对于死亡，活着的意义更加重要。生如夏花，灿烂娇艳，却也可能脆弱得经不起一场风雨，在刹那间会化为春泥。生命无常，唯有且行且珍惜！

　　面对已经永远离开的人，即使我们伤心、悔恨或思恋、不舍，这些意识和情绪已无力改变现实；而面对生者，我们却还有时间来做应做而迟迟未做的事，不留遗憾、珍惜眼前人。因为他们还能感受我们的温度，还能倾听我们的声音，还能凝视我们的双眼，我们的行动还能创造很多的奇迹，因此，去弥补我们亏欠的人，去感谢帮助我们的人，去原谅伤害我们的人，去爱每一个出现在我们生命中的缘分吧！

✿ 感动与反省

坦白说，作为工作人员参与"生命智慧"课程的我，本来很自信自己会是做到专注和专业，但是课堂的震撼力却让我一时忽略了自己的工作。课后与朋友分享，朋友很惊讶地回应："可是你是工作人员啊。"是啊，我是工作人员，不应该受制于情绪，让情绪影响到工作的开展，但课堂的氛围、学员的分享无一不深深触动、牵扯着我。

课程结束后，我对自己在课堂中的表现做了检视：在课程中，我承认被课堂的魔力深深吸引，如果有下一次机会，我会选择作为学员专注地参加课程，或再次作为工作人员，全情地支持到现场的学员。这样才能帮助更多人，也才会让课程的价值得到更好的体现。

✿ 做自己

失去一个对自己最重要的人，你会怎样？我之前从未考虑过自己也会离开这一可能性，但昨天的环节却令我反思，头一次这么认真彻底地为自己着想，突然发现更爱自己了。我不希望这么早离开，因为我还有很多梦想，亲朋好友对我还有很多期待，我还有很多未尽的责任。我的身份首先是我自己，然后才是女儿、朋友、同学。

幸好，此刻我还有机会去实现我的所有想法。生命是欣欣向荣充满希望的，人与生俱来的是向上的引力，因此活好想活的自己，不必在乎外界过多的眼光，做真实的自己，这才是真正的正能量。真的很有幸能够支持"生命智慧"的课程，作为一个 90 后的大学生能参加这个课程并且和伙伴们共同体验这场生命的饕餮盛宴。

我对自己承诺会延续这份感动，并且持续支持吴导发起的公益项目，做到真正的知行合一，也希望周围更多的人加入进来，因为有爱，所以很美。

❧ 写在最后的话

听说"生命智慧"的课程还会在大学生间开展，还需要更多爱的支持，我准备好了，你呢？

爱的传承

生命的旅程需要智慧体验

李泓霖

前国旅新景界　项目运营总监

第 3 期　深圳 LE 学员

🌸 初体验之临终顿悟

物欲横流的社会让人心变得越来越麻木，但总有些东西会唤醒内心深处那份真诚和良知。

2011 年 6 月 11 日，我第一次参加"生命智慧"课程，当时的名字还叫做"生死智慧"。开课之前我还在想，为什么叫"生死智慧"？换个名字可能会有更多人愿意报名参加！

课程开始前，我担心自己会在两天的课程之中"落荒而逃"，毕竟作为普通人，面对"死亡"二字，还是有太多忌讳于心的。但体验完课程之后，才知道无论从内容到形式都不是想象的那样沉重，相反让我们对生与死有了重新的认知。谈到生死话题，我们平日讲的最多的是什么？——"不要跟我说'死'这个字，活得好好的，多晦气！"忌讳之心使得我们很少谈及死亡。我们不敢谈论、不敢面对，是不是死亡就不会走到我们面前？如果说一个人的'生'是起点，那么终点呢？我想答案再明白不过。

课程中，三十年的人生经历仿佛放电影似的闪过我的脑海，我人生中的最大遗憾停留在我 16 岁那年。那一年，母亲因患尿毒症而生命垂危，一家人围着她，父亲在她耳边轻轻地说："三个孩子都来看你了。"母亲无力地睁开眼看着父亲，在她的眼里我看到了"不舍"，她费力地想说些什么，最后却什么字都没有吐出来。慢慢的，她的意识没有了，再后来，体温也没有了，她就在我们的眼前走了，但我们却无能为力。终于，我的母亲要离开她的身体，离开这个孕育了我们生命的身体，去遥远的地方，我大声哭喊着，不想让她离开，因为我还有许多话没对她说，我还想吃她做的菜，我还没来得及为她做些什么。那一天，那一刻是我哭得最伤心的一次，即使早知道母亲病重，早知道她已时日无多，但眼睁睁地看着她走到生命尽头，我还是不能接受，感觉自己像一株断了根的小草。

经历"生命智慧"课程后，我终于明白了，母亲离世时我的痛不欲生源于我从来没有做好她终究会离开的准备，我没有尽到儿女应尽的责任，这种遗憾、自责一直陪伴了我很多年，其中的苦涩滋味也只有自己能够体会。

🌱 再体验之坦诚接受

我再次来到了"生命智慧"，感谢吴导及她的团队对爱的坚持，已经是第 28 期，我共做了 4 次助教，次次都有新收获。3 年前，我学习课程的时候，上课人数还不到 10 个人，发展到现在一次课程 40 人，还有学员已经排到下次课程，这真的是一件伟大的事情。

若把"生命智慧"公益课程比喻成一部电影，那么它是部温馨动人的成长剧情片。2014 年 3 月 3 日，我在巴厘岛度蜜月，早上接到父亲的电话。这个我生命中最重要的男人，用无助的语气哭着对我说："你的奶奶去世了。"当时我很冷静，只想着帮他订机票，安排他回老家，但是放下手机时，眼泪已经忍不住了。我的奶奶是一个坚强的女人，多年来自己一个人生活，不想给我们添麻烦。去年我回黑龙江老家，刚到奶奶家门口，她远远就看到了我，像孩子一样哭着对我说，"三儿，你回来了"！我抱住她，亲了一下她的脸，突然心里特别温暖，奶奶是我们家族的根。感恩我之前学习了"生命智慧"课程，我知道：她 92 岁去"旅行"，不痛苦，是善始善终，我最担心的是父亲，我试着与家人沟通，让家人在奶奶去世的第七天，全部回家陪父亲，陪他度过这个重要时刻。

　　面对死亡是我们生命重要的部分，遗憾的是大多数人都选择逃避，而"生命智慧"给予我的便是直面并且接受它的勇气。

　　在"生命智慧"课上我们能收获什么？收获观念的改变，汲取乐观向上的正能量，接纳生命中所有的元素，成长、亲情、逆境，当然还有死亡，因为在生命的旅程中每一个人都在用自己的方式去体验，这需要智慧。

生命中那双温暖的大手

潘健敏

韦博国际英语（深圳）　员工关系培训主管

第 9 期　深圳 LE 学员

　　由于航空管制，飞机没能准时起飞，我坐在飞机上静静地看着窗外发呆，窗外的闪闪灯光渐渐变得模糊起来，我的脑海里浮现出很多往事，于是成就了这份对爱的回忆。

🦋 你选择为谁而活？

　　这份分享其实早该在两年前就动笔的。之所以这么说，是因为两年前我参加了"生命智慧"课程，让我积压已久的情绪得到了充分地宣泄，我把我所有的悔恨与不甘，我的感激与不舍，统统地宣泄出来。那一刻，我才明白我竟从未放下对她的怀念！当时并非为她而来的我才发现，原来自己从来没有从与她分离的伤痛中走出来！

　　我想念她，那个无条件爱我，无限度包容我的人。即便她已经离去 10 年了，我对她的情感依然无法忘怀！奶奶，真的感谢您！没有您，就不会有如今的我。18 年前，是您挽救了那个少不更事、狂乱得一度想轻生的我！

　　记得那一年，我还只是个八九岁的孩子。爸妈都忙于工作，哥哥姐姐也经常不在家，当时我最喜欢做的事就是腻在奶奶身边。有时因为饭菜不可口，有时因为爸妈不在家陪我，我总会莫名地对奶奶发脾气，对于我的无理取闹，奶奶一直很包容。然而有一次，我和奶奶也吵起来了，她假装不理我，我突然感觉世上唯一的依靠都消失了，感到自己失去了存在的价值，内心深处的不公感强烈地膨胀着！我激动地冲上了天台，赌气地想着轻轻一跃，会一了百了，但当我站在那个小小的围墙旁俯视大地的一刹那，轻生的冲动变成一种强烈的恐惧感，袭遍全身。还没等我思考，一双温暖且有力的大手把我整个人抱住，我与奶奶一起摔倒在地。之后我听到奶奶的哭泣声，那是我第一次看到她流泪，小小的我也开始为自己的任性而感到深深地悔恨！

奶奶是个很坚强的人，她用她的辛劳与坚持，养大了9个儿女。30多年前，爷爷去世，她凭着强大的勇气，带着儿女们从粤北来到了深圳，因为晕车，她几乎是一路吐着过来的！中途车停了很多次，但因为她的坚持，她终于到达了她的梦想家园！深圳是她的梦，她坚信那里会带给她的子孙幸福！

永远记得那个日子——2004年5月，我接到了爸爸的电话，我听到他说："你奶奶不太行了，赶紧回来吧！"那一刻犹如晴天霹雳，令我全身瘫软，眼泪不由自主地往下掉。爸爸在那头听着我的啜泣声，沉默了许久没有说话，不知道过了多长时间，他带着哭腔却强装冷静地告诉我："我们都在！你赶紧和老师请个假，快回来吧！"我不记得我是如何和老师讲，之后如何收拾东西离开，但我只记得一个片段，我似乎被抽掉了灵魂似地看着窗外，小雨敲打着玻璃，我在玻璃的另一面默默地留着泪。那一幕在我心中无法磨灭！

回到家时，屋里已经挤满了亲戚，爸爸坐在角落的沙发里，妈妈跑过来拉着我手，另一只手擦拭着我湿润的双眼。她告诉我奶奶被检查出是癌症末期，来得很突然，现在奶奶只想尽快回老家。我记得我在客厅停留了很久很久，不停地告诉自己那不是真的，甚至不愿踏进奶奶的房间，只是抱着妈妈放肆大哭。我还没有告诉奶奶我有多不适应高中的生活，我多想放纵地活着，我多想永远赖在她的身边享受被宠爱的感觉，我还要让她享受我很久没为她做的按摩，我还想让她看到功成名就的我，进入好的学府，做个能帮助到别人的让她骄傲的人，我还想让她看到我娶媳妇让她曾孙绕膝……

不记得我到底瘫坐了多久，只记得姐姐鼓励让我勇敢面对，并让我擦干眼泪，因为奶奶不想看到我们哭哭啼啼的样子！我走进奶奶的房间，一只手紧紧握住她的手，另一只手轻轻地抚摸着她的手臂（这是小时候我常常做的动作）。奶奶平日慈祥的微笑，现在因病痛变得那么勉强！没有人告诉她情况有多么糟糕，但她清楚所有的事情，也很清晰地说出她想说的话，我听着她的叮嘱，眼泪止不住掉下来，我强忍着痛苦向奶奶承诺："我会好好照顾自己，我会好好听家人的话，好好地读书成为一个可以帮助到别人的人！"

❀ 当承诺转化为信念

曾经我认为我的承诺是那样的幼稚，"帮助别人？如何做到？通过什么途径？"但如今的我，看着窗外，想想这个承诺，才发现有些观念会转化为信念，跟着你一辈子。原以为兑现我最初的承诺尚有距离，但现在我有信心可以做到！因为承诺和现实的差距只是在于是否坚定，只有发现一切可能性，通过各种的平台，实现更大的影响力来推动！我很幸运地参加了"生命智慧"，在这个课程中体验向死而生，思考生命的价值与自我的价值，也让我想起了我最初的承诺，想起被遗忘的雄心壮志。我庆幸认识了吴导，她让我看到什么是知行合一，什么是言行一致。不服输的她，是顽强生命力的最有力的诠释！而她在用她的生命去影响更多的人！因此，我们总能欣喜地看到，经历了"生命智慧"的人，开始有了付诸实践的承诺！这就是生命力的传递，这也是为什么我愿意用有限的私人时间支持"生命智慧"的原因，我很希望因为我的这一份微薄之力，有更多的人被影响、被启发！

相信"生命智慧"是我兑现承诺的途径之一！相信奶奶在天堂会为我骄傲！想到这时，飞机开始缓缓地滑行，我竟然困意全无，我知道新的目标就在不远处。

有我　有爱　有我们

刘妍秀

First Advantage 中国区　人力资源经理

第 15 期　北京 LE 学员

2014 年 3 月 8 日，一个平凡却不平常的日子。今天是"国际妇女节"，也是载着 239 人的马航 370 航班突然消失的一天，一段原本美好的旅程，如若没有归途，或许就成为永远的绝别，这是一场从天而降的意外，昭示着生命中有太多的未知。"人生无常，我们唯一能做的只有好好珍惜当下的每一刻"，这句话，我们常挂在嘴边，可真正能做到的人有几个？

对我本人来说，今天的不寻常还在于这是第 4 期北京"生命智慧"公益培训的第一天。生命智慧，引用一个学员的理解：生命是生与死，智慧是体验生死。从一年前第一次走进"生命智慧"的课堂，第一次做助教，第一次做团长，我选择面对生死，选择用自己的方式支持并将这有意义的课堂在北京延续下去，去影响和帮到更多人。

❀ 助教体验之我见

在经历了助教和团长的身份后，这次当我再次以助教角色去深入课堂，又有了不一样的体验。除了清晰助教的任务，理解团长的大局观外，我把所学的教练技术也用在了这个课堂上，不仅会关注自己小组的成员，同时也用心地留意其他学员的发言，从他们的角度去思考，尝试体验他们的感受，努力融入他们的内心世界。

在课堂上，一个学员问了一个听似简单、实则难以回答的问题："如何才能把每天当成最后一天去活？"出于意外的，问题的答案在我脑海里竟马上有了画面感：每天做你应该做的事情，把每一次的分别当作最后一次，好好拥抱和亲吻你爱着的人；把每一次的决定当成最后一次，这样当你与他人有不同意见时，就不会有"扭头就走"的偏执；每天和最心爱的人说声"我爱你"，积极、开心地活着；当孩子想你陪伴时，不去找任何的借口放弃参与她成长的机会；当你想回家探望父母时，不要被任何理由所阻挡。其实，每一天都是由一点一滴的小事累积而成，如若把每一件小事都视为最后一次，珍惜、满怀感激地去行动，那么相信你在生活中将不再感到压力而是自在、精彩。

每一次参加"生命智慧"，都能发现一个很普遍的现象：女同学数量通常是男同学的三到四倍。因此，鼓起勇气前来参加的男同学经常都被工作人员安排到每一个小组。但在课程中，我也感受到，男同学们在体验爱人离去时的那份痛苦，其真情流露、感性的程度与女性相比往往有过之而不及。谁说男儿有泪不轻弹？坦诚、真实让男人更有魅力，动情流泪的男人才更有男人味！

🦋 伴"生命智慧"走进生活

之前参加这个活动，很小心翼翼，不敢让妈妈知道，因为很明白老人家对这个话题忌讳，但是，在这一年里，我也用行动来证明，让她知道我支持这个课程既能帮助他人，也可以使自己的生活变得更好。每次在课程上看到子女对父母的那份孝顺时，我都在心里默默感谢着我的妈妈。这次，我也选择了"谢谢你"的卡片，写满了我对妈妈的爱，以及她为我们默默付出的感激。当晚回家后，我偷偷把卡片放在妈妈的床头，然后悄悄离开，却发现妈妈起床开了灯，默默地看着我写下的心里话……有时，因为中国人的文化和传统，我们不习惯拥抱或者亲吻自己的父母，那么尝试用另一种方式去表达你的爱吧！

虽然助教在课程中的角色是陪同学员，可在这次课程中我却意外地做了一回女主角。课程快结束时老公突然给出惊喜，令我措手不及，手抖身抖心也在抖，不是紧张也不是害怕，而是因为受宠若惊，感动不已。结婚多年，他很少送我礼物，也很少表达爱。这次他却委托香港的同学，带来了我最想要的礼物，那一刻的惊喜我无法用语言表达。在学员们的祝福和掌声中，我们紧紧相拥，仿佛稍稍松开彼此就会从怀抱中溜走似的。我的眼前也浮现出课堂上播放的一段影片，离世前的一句"谢谢你的陪伴，很感谢你付出的所有"，这个画面足以让我们感动一辈子。想与大家分享这样一句话："与其幻想或要求另一半达到你的要求，还不如放下，从容地接受这一切的平淡，用你自己的平和去换来的也许是惊喜。"

联想到一年前的我，还不太懂得感恩与珍惜，也很少会感谢老公，和很多任性的女人一样，我觉得被老公疼爱是天经地义的。后来，每一次"生命智慧"都让我渐渐明白，其实，他更需要你的爱和你对他的肯定。而"生命智慧"课程得以在北京顺利开展，当中也有我老公的一份支持。一路走来，感谢他默默地在幕后，坚定地支持着在前面"发光"的我，很感谢"生命智慧"让我懂得了珍惜另一半，也很感恩这个课程在逐渐地影响着那个默默的他！

静待生命之花绽放

陈晓敏

曼恩机械有限公司　招聘主管

第 18 期　杭州 LE 学员

自 2013 年 5 月学习"生命智慧"课程到现在，已有将近一年的时间。回顾这一年，我的感受是感恩、自豪、轻松，面对未来，更多的是兴奋、激动，与对幸福的憧憬。

❀ 契机，促成改变

这一年是自己成长最多的一年。我放下了许多负面的信念、偏见，对他人防卫的心；厘清生命的意义与价值，不再迷茫；我看到自己的改变和突破，知道自己该去哪里，也坚定地走在这条道路上。

一年前的我，冷傲、不成熟，在自以为是的外表下，有一颗脆弱的内心，极度缺乏信任与安全感。因为害怕失败，害怕受到伤害而伪装出坚强、成功的表象；以不关心、不在乎来否认情感上的缺失；用防备他人的心、挑剔的眼光对待身边的亲人和朋友。这使得我在工作中、生活上很难与他人建立亲近的关系，仿佛总隔着一面无形的墙。

工作上，由于自己的事业处于快速发展的阶段，我完全忽略了人际关系。我没有真心地去培养自己的下属，总是挑剔他们，强迫让他们跟上自己的节奏与要求；我习惯用自己的标准去判断、贴标签，对脾气秉性不合的同事敬而远之，也无形中给自己带来了许多压力；对自己的老板我也埋怨颇多，不认同他的许多决定，认为自己在许多方面可以比他做得更出色。总之，我身边没有能够让我真心欣赏的人，当时我对自己的自负及情绪化真的是无知无觉。

在家庭中，我与父母的关系也比较紧张，经常无缘无故地发火，用这种方式来排解自己的压力，进行情绪转移。自己的行为也着实伤害着生命中最重要、最爱我的两个人。对于父亲，我的态度尤其冷淡，我对他深沉、不擅言表的爱、对家庭默默的奉献视而不见。我把他对我的宽容和忍耐当作他的软弱与无能。

"生命智慧"是一个契机，促使我开始反思生命的意义与价值，以终为始：我要成为什么样的人？什么对我是最宝贵、最重要的？什么是我必须去守护去追寻的？不再纠结他人怎样对待自己，他人的动机、目的，而是学会始终坚持自己的信念与价值观，活出生命的美好与价值。

对于同事我开始慢慢卸下防御的铠甲，与朋友的互动更轻松自然，与同事的合作过程中，我更积极地去回应他们的需求，而不是将他们的要求视为苛求；真心地与下属讨论他们工作中遇到的问题，共同寻找解决方案；与下属讨论他们的职业目标，给予真诚的反馈，支持他们的职业发展。他们回应我说："你更宽容了，情绪更平和，更开朗，也更多笑容了！"

我也终于完全地接纳了自己的父亲，从挑剔转为理解与欣赏；我开始主动为他夹菜，与他一起散步聊天，当他不开心的时候，主动询问他的感受；我还特意安排了父亲和母亲去韩国旅行，我要用行动来表明我对父亲的爱，我也终于在父亲的脸上看到了更多的笑容。

我的心态变了，行为也变了，为自己的突破，我备感自豪！

🌿 走在幸福的路上

我很感恩"生命智慧"，感恩我的家人与朋友对我之前的宽容与忍让！现在我的生命之花已经含苞待放，我会不忘初心，勇敢地绽放！

幸福是自己能够成为一个充满爱心的人，成为这样的一个人："她尽其所能帮助身边的人，她用自己独特的智慧与才能成就他人，我们都爱她！"

　　2014 年 1 月，我开始学习 PCP 教练技术①。教练课程的学习使我更清楚地看到自己的盲点，也看到自己隐藏的潜能。我开始将自己的关心和爱心扩大到更多的人，开始尝试用自己的真诚，用学到的方法来支持被教练者的工作与生活。"通过教练，我对完成工作更有信心了"；"通过与你的对话，我看到了自己的盲点，我会全力以赴，自我突破"；"我开始变得不再拖沓，更有行动力了"；"由于你的支持，我成功完成了这次重要的，但极富挑战的谈话……"当我收到被教练者这样的反馈时，喜悦、爱心充满我的内心，我感到十分满足。

　　对于将来，我满怀憧憬与期待，相信可以用自己独有的才能去提供帮助，从而影响他人，甚至成就他人。在这个过程中，我也会努力蜕变成为更好的自己，活出丰盛的生命！

　　我在努力前往幸福的路上，你呢？

---

　　①　教练技术是一种新兴的、有效的管理技术，能使被教练者洞察自我，发挥个人的潜能，有效地激发团队并发挥整体的力量，从而提升企业的生产力。教练通过一系列有方向性、有策略性的过程，洞察被教练者的心智模式，向内挖掘潜能、向外发现可能性，令被教练者有效达到目标。

敢爱的世界

李俊建

东方航空物流有限公司　人力资源部总经理

第 22 期　上海 LE 学员　第 25 期　上海 LE 助教

　　距离上海"生命智慧"课程结束已经 4 天了，我却迟迟没有动笔写下那些一直想说的话，是因为纠结？拖延？抑或逃避？今天我还在问自己"为什么你不写点什么呢？"细细思量后，我洞察到真正的原因是我自己还没有作好准备，因为要坦然面对真实的自己总是有挑战的。

　　这两天的课程带给我的正能量实在太饱满、太强大了，就像刚刚获得一个盖世高手传输内力，需要一个过程来将外部的力量内化。

🦋 生命智慧的再领悟

　　尽管这已经是第二次参与"生命智慧"课程了，也从学员变成了助教，但再次投入到这两天的课堂时，依然感受到有股力量结结实实地撞击了我的内心。记得在上次课程中，我学会了"向内看"，知道自己需要勇敢地付出爱，课后我也积极地在生活中付诸实践，比如，每天对自己微笑，阅读正能量的书籍和信息；开始每天两条微信分享，告诫自己做好身心灵的修炼；兑现自己对家人的承诺，每周给家乡的父母打电话；每天离开家时亲吻妻子；抽时间陪女儿读书、游戏、看电影等；待人接物低调为先，脸上常挂微笑，做事尽心尽力。所有的行为都让我自以为自己已经逐步向"爱的世界"靠近，但再次面对吴导，她对我说"你又胖了，头发又白了，你自己要注意啦"，我忽然有一种警钟响起的感觉。这席话让我静下来思考："我之前做的这些真的是爱他们吗？"当自己切实地体验"死亡"时，我才幡然醒悟：原来我之前所有做的一切都是"无本之木"，都是没有根的"爱"，我自以为在爱着他们，却把最应该爱的自己忽略了。

❀ 爱人需先爱己

一个不懂爱自己的人，大谈如何爱别人，那几乎就是海市蜃楼，如果连内在的那个"小我"都照顾不好，我又拿什么去"爱"周围的亲朋好友呢？对他人所有的爱都是建立在"我"这个人是健康的、存在的基础之上，如果"我"不在了，他们去何处获得我的爱呢？所以，在过去的这几天，我一直对"我"说那四句箴言：

1. 谢谢你

亲爱的"我"，谢谢你陪伴我走过了 34 年的春秋，经历了从安徽偏远山村来到天津读大学，再到上海工作；亲爱的"我"，谢谢你一直默默承受，从来不抱怨我、不放弃我、不离开我。

2. 我爱你

亲爱的"我"，每天你都准时叫我起床，一起学习和工作，每天都静静地听我唠叨 57600 句，你是我最好的听众也是最最懂我的人，你是那么地为我无私付出，我只想对你真诚地说一句"我爱你"。

3. 我已原谅你

亲爱的"我"，可能在有些我自认为很重要的时刻你生病了，被我说成不争气；可能在晚上 22：30 的时候你已经开始打哈欠了；可能在被别人拿去与人对比时你矮了一点；可能在上下班高峰时间你不够强壮被挤下来了……这些都没有关系，其实都是我的自尊心的问题，我已原谅你。

4. 对不起，请你原谅我

亲爱的"我"，过去的 34 年光阴我只在乎自己，而忽略了你、忘了照顾你；我只知道向你提要求，没有考虑你的感受；我只知道自己的奋斗和光鲜，没有去关照你的需求和疲惫。对不起，请你原谅我！我知道"感冒"是你给我的提醒，告诉我来关心你；我知道"打哈欠"是你要休息了，告诉我该洗洗睡了；我知道"肚子咕咕叫"是你饿了，告诉我该找吃的了。所有这些我现在都知道了，请原谅我过去的自私。

我愿接受亲爱的"我"对我的反馈，并好好珍惜他。在这里，我也郑重地承诺：我会好好地爱自己，从爱自己开始每一天。因为所有我爱的人还等着一个健康的"我"去和他们一起享受幸福呢。

昨天已过，无法挽留；明天未知，不可预测；今天才是真实，把握今天，才能实现全部愿望。我已从今天和当下做起：

爱，所有我爱的人；

爱，所有给我爱的人；

爱，我自己！

做美丽大爱好女人

王卫华

江苏无锡市欢乐童颜儿童摄影公司　总经理
第 4 期　海宁 LE 助教

🦋 无生死不智慧

2011 年，出于好奇，我和丈夫一起参加了吴咏怡导师在海宁开设的第 1 期"生命智慧"公益课程！

坦白说，参加这个课程有几个原因：第一，海宁我没有去过，顺便可以带家人一起来观潮；第二，吴导是我学习教练技术的老师，我深信她的功力；第三，关于死亡，很小就思考过，但我最难接受的还是亲人的离开，我想看看通过这次体验，是否可以克服这最深的恐惧！

于是，就这样，我和丈夫来到了海宁。

当天参加课程的同学并不多，大概 10 人。既来之，则安之。我和丈夫开始全情投入"生命智慧"的体验中！

如果让我形容这次体验，我想说，这是我们夫妻间了解最深的一次，它触及了我内心的最深处！课程结束后我感悟到原来我们应该和家人这样来面对生死；原来，我还有这么多的遗憾需要去完成，原来我的人生可以这样的精彩！课程的结束，对我来说，是新的开始，内心充满了活力，对新生命的渴望！感恩吴导，感恩当时香港"同行力量"的支持，这是无价的体验！

两年以后，在我心中仍然一直有这样的对话：嗨，亲爱的，假如这一刻是你生命的最后一刻，你有遗憾吗？很多次我的回答是"没有"。我每天都过得很充实，珍惜着每一刻的体验，和丈夫也是彼此珍惜，彼此理解！

🦋 对不起，我爱你

关于生死这个话题，让我感触最深的莫过于外婆的故事了！因为舅舅生了重病，家人没有精力照顾90多岁的外婆。外婆3年前开始与我们同住，那时我们家四世同堂，非常温馨、快乐。我很喜欢外婆，她温柔平和、充满智慧！可在我心头一直有一份愧疚，舅舅过世了的消息我们一直不敢告诉外婆，怕她受不了。学习完"生命智慧"，我知道我不该这么做，我不应该剥夺外婆的知情权，外婆经历过这么多的风雨，她一定可以挺得过！一个午后，外婆静静地听我讲了关于舅舅去世的消息，她长长地舒了口气，眼泪从脸颊流下，却给了我们一个微笑！我知道，聪明的外婆早就隐约知道了真相，今天终于不用撑着不流泪，假装不知情了！我们紧紧相拥，抱头痛哭。外婆，对不起，我爱你！

97岁的外婆是一个非常智慧、坚强的女人，她的内心一直有几个心愿没有完成。她很想回到家乡，亲自去扫一扫家人的墓；她很想去看一看，从小亲自带大的孙子孙女，重孙子重孙女，他们长高了多少，他们过得好不好；她很想回到镇上的老屋，和乡亲们晒着太阳聊聊天，她很想亲自准备一下去天堂的衣物，希望那天可以很美好地离开！我们知道，我们明白，可是……老家的老屋已经很久没有人居住了，孙子孙女因为赡养的问题已经和我们断了联系，两年多没有打过一个电话。我也担心外婆的身体是否可以经受路途的颠簸？

但我们不想让外婆的人生留有遗憾，这也终将是我们的遗憾。经过一年多的坚持调和，2013年7月，外婆亲爱的孙子孙女终于来到了她的面前。90多岁的外婆刚见面时好像不认识他们，当外婆轻轻地呼唤起孙子孙女的小名时，眼泪竟止不住地往下流！他们相拥在一起，久久不愿松开，一旁看着的我心中好感动，也觉得好幸福，外婆，谢谢你，我爱你！

陪伴着外婆来到了家乡，美丽的乡间温暖着外婆的心田，久别的乡亲报以热情温暖的微笑，外婆笑得和孩子一样。三年来，我第一次看到她哈哈大笑，在阳光下她是那么美，那么美！

带着完成了的心愿，2013 年 9 月 25 日，外婆安详地闭上了眼睛，去天堂和舅舅、外公相会了！我突然发现，自己可以坦然面对亲人的离开，因为没有了遗憾！外婆，我好想你，你在天堂还好吗？

经历了这么多，我对"生命智慧"的感悟又深了许多，如果可以，我愿意把这样的公益理念传播给更多的人！2014 年 3 月 1 日，我成为上海"生命智慧"第 24 期的一名助教，好开心啊！两天的体验，和 34 个生命一起经历了"出生入死"，我们用生命陪伴着生命。当看见学员们一张张哭过、爱过后温暖的脸，想象着 34 个家庭和更多的朋友可以得到更多的幸福，我感觉非常值！

🦋 谢谢你，我爱你

感悟生命，与爱同行！第二次的生命体验，我发现了自己内心深处的重要秘密。上课前，我一直自认为是个有大爱的女人，而且一直在用行动证明着"我有爱，我很重要"，当我在课程中真正看到自己时，发现原来在我面前的是一个苍老、憔悴、无神的"老女人"，这是我吗？原来我一点都不爱自己，原来每次做选择，我都选择把自己放在最后，告诉自己"我不重要"。一个连自己都不爱的人，如何去爱别人！这个秘密如果到死之前才觉悟到，那将是多大的遗憾！

感谢我又一次可以进入"生命智慧"的课堂，我想对自己说：谢谢你，我爱你，对不起，我原谅你！我要好好爱自己！我会好好地活好每一天，做美丽大爱的好女人！

亲爱的有缘人，如果你读到了我的文章，也许没有华丽辞藻，但因为这是我内心真实的感受，属于我自己的故事。我期待有更多的人能更早一点加入对生命智慧的体验，再一次重新真正地认识自己，帮助自己的家人，让人生更精彩！

没有遗憾，拥抱晴空

张卓芸

百特（中国）医疗器械公司　制造分析财务经理

第 22 期　上海 LE 学员

生命的逝去，于我不单单是害怕面对，而是彻底的恐惧！

童年时，在外公的葬礼上，看着燃烧骨灰的缕缕青烟，妈妈几次哭得近乎晕厥。那情景深深烙印在我的心里。从那时起，小小的我已经深深地感到，眼前的这个人或许也会离我而去。那种恐惧开始深种在我心里，再没有离开⋯⋯

🦋 亲人离世，你能否做到无憾？

虽然一直知道"生命智慧"这个课程，但我迟迟不敢报名，直到朋友们纷纷收获满满地向我推荐，我才鼓起勇气，选择直面这个话题。

所有的一切都将会逝去，就像妈妈每天准时叫醒我，准备好早饭，提醒我回家吃晚饭，唠唠叨叨、不厌其烦地提醒我注意保暖、注意睡眠时间、当心身体，等等。我必须要接受她某一天一定会和这所有的一切离别的事实，那样的话我能做的也只有接纳，以及拥抱失去后的痛苦。所以现在选择珍惜当下。

课程之后的一天，我小心翼翼地问父母还有什么需要完成的心愿，近期还有什么需要走访的人，需要处理的事情。才发现，原来他们已经在多年前将家乡的亲人都拜访了，财产的分配都有了打算，甚至对于身边朋友亲戚的病故已经抱有豁达的态度了。我一直以为思想老旧、落后，跟不上时代的老爸老妈啊，现在甚至于不惮于和我谈论这些事情。我突然意识到，我已经有很久没有和他们好好聊过天了，而我到底了解他们多少呢？从那个时候开始，我对外称呼爸妈时有了另外一个昵称——我家老宝贝儿。

善终反思，你是否做到无悔？

再一次作为助教来到"生命智慧"课堂。本以为在过去的几个月内已经让我感悟良多，也放下了许多，以为不用再次剖析自己了。结果却发现，这个课题不是剖析一次就能够"解毒"的。当我看见镜子里的自己时，突然意识到，我自己也终将在某天离开这个世界，现在镜子里面的那个鲜活的人也最终会化作一抔黄土。而我是否能够在离开时没有一丝遗憾，是否能够从容豁达地面对这个看得见的尽头，我做好善终的准备了吗？当我诚实地面对自己时，内心老实回答道："没有，未知生，焉知死。"还没有搞明白我来这个世界能为别人做些什么，善终的思考对于我来说似乎有点奢侈了。

什么时候才能解开这个谜题，我现在还不得而知。但现在能做到的，就是从一点一滴开始，让自己每天都没有遗憾。实话说，现在每天过得比以前累多了，却感到非常充实。我希望以后每天醒来的第一刻，都能够对自己说：没有遗憾，拥抱晴空，真好！

最浪漫的事，是和你一起慢慢变老

朱丽丽

天津可口可乐饮料有限公司　组织发展主任

第 20 期　北京 LE 学员

2014 年 3 月 8 日—9 日，"生命智慧"公益培训第 26 期在北京如期举行，这是我第三次参加生命智慧公益培训，这次是以助教的身份参加，以前做过学员和行政人员，所以我对课程已有了很深厚的感情，更感觉这堂课意义深远。吴咏仪导师建立"爱·相信"非牟利组织，每年设定目标举办"生命智慧"公益培训，从上海到北京，从北京到广州，从广州到成都，影响了众多义工参与到 LE（Life Education），带动和支持更多人参加培训，用生命影响生命！

在这个群体里，我感受到了来自于大家的大爱，为了完成共同的使命、梦想，为了这一梦想，不断前行。在这里，我没有感到休息日工作所带来的疲惫，只体会到做喜欢的事情而带来的享受，和自己可以支持帮助到更多人的喜悦与成就感。三次参加课程，我从学员、工作人员、助教三种不同角度体验，一次比一次更精彩，感悟更多。作为学员，我体验、分享、聆听，收获对"生命"的思考；作为工作人员，我认真做课前准备，关注每一个细节，收获认真严谨的态度；作为助教，定向、课堂间引领，收获的是责任感和学习成长的迫切感……课程中大家的尽情分享，学习收获；落泪、开心的瞬间；争着申请当助教，结束时的不舍，现在回想起来，依然带给我感动和正能量！

这次有好几对夫妻来到课程中，现场"先生"们的坦承分享及动容落泪，令我很受触动。导师精心准备的视频，也让我回忆起与老公在一起的点点滴滴，我们的爱情，我们生命的联结。

第一次与老公的见面，是我上大学一年级，他以师兄的身份来接新生。当时对这个小眼睛的男生有些好感，新生欢迎晚会中我听到他的歌声，更是崇拜他歌唱时的风采与魅力。起初就被这样简单的理由所打动，大一时我自然而然地与他走到了一起。

现在回看我的经历，可以说我的本性是积极向上的，渴望生活的意义，但是缺少一个"引路"人，让我对生命更有目标和规划。所以，遇到老公前，我很少认真努力地去完成一件事；遇到老公后，他开始带我到一个努力向上的世界，他是我心智成长的第一位启蒙老师。

考研期间，是老公工作的第一年，他将工资的80%拿出来给我当生活费，过程中也不停地给我鼓励和支持，是他的爱让我在枯燥的考研生活中坚持下来。虽然最后没能如愿，但那时候老公给我的鼓励和支持，让我特别感动，之后的学习动力也很多源于此。工作之后，我又在职读了港大SPACE研究生课程，参加了"生命智慧"等课程，不断地学习成长。

老公很孝顺父母，刚刚结婚时，我还不知怎么去爱他的父母，但我知道，爱他就要爱他所爱的。所以，从一开始，我就有一个非常坚定的信念，做一个好儿媳，不只不和他的父母闹矛盾，更多要像女儿一样去孝顺他们，爱他们，带给他们快乐。虽然我因此收获了很多：老公对我的感谢，公婆对我的呵护，亲朋的夸奖，但在"生命智慧"课程后，我知道我可以做的还有很多……

我知道现代社会男性压力颇大，老公责任心强，要给家人安全感，我能做的，就是追求进步，勤奋努力，让他知道我和他在一起，我们共同携手在生命的旅程上；工作之余，我和老公有很多话题聊，工作、生活、未来、我们各自面临的问题等等；我力求越来越智慧，因为我相信，一个智慧的女人是男人心灵的港湾。

据说，无论多大年龄的男人，都希望自己的女人漂亮，为自己、为我爱的人，我要做一个勤快、美丽的女人，这是我接下来努力的方向。

　　2014 年，我们在一起 11 年，结婚 5 年了。每一次为对方着想，建立了我们的互相信任；每一次深入沟通，使得我们的心靠得更近；每一个阶段携手并肩奋斗，使得我们的生活更多姿多彩；每一个开心的瞬间构建成我们的幸福生活。我们决定不了生命的长度，但我们可以决定我们生命的宽度，"生命智慧"让我收获了如何拓宽我和老公的生命宽度，更加精彩地生活！

男儿有泪不轻弹

朱惜池

香港富柏资产顾问有限公司　董事长
第 16 期　深圳 LE 助教

　　在过去两周发生的"昆明火车站暴恐案"和"马航失联"事件，确实令人不得不再一次感慨命运多舛，人生无常。灾难为何频频发生？2014 年 3 月 8—9 日在北京举办的"生命智慧"（第 26 期）工作坊首日，似乎为我们揭示了骇人灾难内蕴藏的启示：即便我们此刻拥有再多的幸福，也无法预测明天、下一刻会发生什么事情，甚至发生什么灾难。

　　在心里悼念昆明火车站暴恐事件的罹难者、为失联的马航 239 名乘客及机组人员担忧的同时，我回想起去年 4 月四川雅安市地震事件中，那些离开这个世界的人们。这一切不由得触动我内心暗涌的泪水，也就是在那一次后，我开始首次尝试为"生命智慧"写下课后感受。这一次经历了不同的角色，我再尝试用文字去表达在经历"生命智慧"课程的这一年里，我的收获与感悟。

　　2013 年 3 月，作为学员的我首次接触了"生命智慧"工作坊，课后分享了一篇关于自己身世的文章。早在儿时，我的双亲就相继离开我，远去天国了，我曾自以为对至亲离去的伤痛已释怀，但当自己在课程中重温那一体验时，虽然这一切已成事实，但心里仍然是万般不舍，伤痛直达我心深处。

我承认我是一个感性的人，但不懂如何用文字表达自己的情感。在"生命智慧"的环节中，我的心一次次地被触动，默默地流泪。也许是同情心使然吧，叹息人世间的种种不幸。作为一名学员，我不断提醒自己努力去做到知行合一，关爱身边的亲人、同事和朋友。但在忙碌的现实生活中，似乎没有一刻能停下来。参与"生命智慧"，令我重新思考人生，思考我最在乎、最珍惜的是什么？我知道自己有乐于助人和主动奉献的心，可以让生命影响生命。课程后，我便毫不犹豫地自荐作为"生命智慧"的助教，希望从这门体验式的课程中，令自己和更多的学员收获和感悟。我希望能从助教和团长的体验中，表达我对吴导和"生命智慧"公益课程的支持。

2013年，我参加了上海"生命智慧"（第19期）助教团，开始明白助教是学员认知课程的重要纽带。在这个尊重隐私的平台，每个人都尽情诉说着自己的经历，我专注地倾听组员在课堂的分享，并且鼓励大家互相给予情感与信心的支持。就是在人生的这次相遇中，我已把组员当作多年的老友，因为在那一刻，我真的感受到他们泪水背后的伤痛。但我相信疗愈心灵伤痛的良方，就是自己能透过体验，直面痛楚的挑战。可能那一刻心情难以平复，但人生当中，生死是无法逃避的。若希望活得无悔今生，我们必须要知道时间不会停留，生命是短暂的，但可以活得有意义。

我在去年担当了两次团长的角色，分别是9月深圳（第21期）及11月成都（第23期）的"生命智慧"。所以有学员戏称我是老团长，但只有自己知道，参与"生命智慧"课程的这一年，给我个人带来的成长有多大，尤其令我更珍惜与每位热爱生命的助教共事的机会，珍惜每一次热忱的互相交流和无私的支持，把每次的经验累积起来，令它日臻完善。每次当团长，我会把过往项目管理的经验放进去，改善流程及促使资源分配更合理。我知道自己是个心思缜密的人，每个环节都希望协助吴导做到最好，令所有助教都在被支持及团结的环境下，把学员带动及维护好。每次课程完结，我都有一份莫名的成就感，就好像是一场精彩的舞台剧完美落幕。同时，看到学员们在课程后有所感悟，分享他们的文章，以及带来的行为上的改变，我更感到与吴导一起坚持这公益课程是值得的。

一年了，2014年3月我再次转变角色，担任北京"生命智慧"（第26期）的助教，这是我感触最多的一次，亦是看到最多"男儿泪"的一次。男儿有泪不轻弹，只因未到伤心处，这些能勇敢面对伤痛而落泪的男人们，也许能帮助自己日后更好地治愈心灵的伤口。

感恩大家相识、相聚、相知，用生命影响生命。虽然在课程中的相聚只是短短两天，但我相信我们可以成为终生互相支持的好朋友和生命教练，我相信。

给爸妈的一封信

袁晋艳

美国瓦里安医疗系统　HRBP
第 20 期　北京 LE 学员　第 31 期　北京 LE 助教

亲爱的爸爸妈妈：

　　这周末我参加了北京第 31 期"生命智慧"公益课程，是吴咏怡导师亲自授课，你们去年也曾经参加过的。时间过得真快，转眼一年多过去了。我还很清楚地记得那一年，回家后我不解地问你们，为什么人都不能看到生命积极的那一面，为什么那么多的人浪费时间陷入悲伤的情绪，而不去努力思考如何更有意义地活好每一个当下？你们当时说我太幼稚，而我却固执地认为是你们太消极，不懂得成长。而如今，我以助教的身份第二次经历了"生命智慧"课堂，更认真、更投入地参与了其中，才明白当时的自己是多么的幼稚。

　　当吴导让我们为自己的生活现状打分，我毫不犹豫地写下了 6 分，因为我满意自己这十年的独立和成长，从毕业后找工作、不断的学习进修，到工作之余顺利从香港大学研究生毕业，通过努力得到了很好的工作，自给自足的生活……但我深知自己仍有很多的不足。当安静下来细想时，我惊觉 4 分的差距，焦点全部在你们身上。

　　过往的这两三年时间里，我把时间全部给了工作或自己，在我的世界里除了公司加班、健身房以外，家对于我来说也许真的就像一个睡觉的地方。我不得不承认，你们之间的感情问题、家里冰冷的气氛是令我不想回家的一大因素，但是作为女儿，我又为了你俩之间的关系做出过什么努力呢？我知道，我一直在逃避……

今天，当学员们在课堂体验时，我满脑子浮现出的都是你们为我操劳的面孔。小时候，因为我的身体不好，你们时常抱着我东奔西跑；上学时，你们因为我的散漫操碎了心；终于我毕业了，开始学习独立，你们又为我的感情生活而心力憔悴……可是不管怎样，你们都在我的身边那样深深地爱着我，从不放弃。

妈妈，你永远都不舍得让我做任何家务，让我永远都有好吃的，不管你多辛苦都无微不至地照顾我，甚至连我早起出门上班，都提前把门锁打开。妈妈，当我想象有一天你离开人世，我的情绪瞬间崩溃了，我无法想象没有你的世界。即便在工作上我有多么的成功，我内心深处仍是那么地依赖你。最重要的是，我无法承受愧疚对我的折磨，过去的三十多年里，我竟说不出我为你做过些什么……我知道你孤独，妈妈，知道你不断地让自己从早忙到晚，不断地去帮助亲戚朋友也是想得到安全感和存在感，而这些却是我和爸爸一直都没给过你的。请原谅我，妈妈，从这刻起，我想我会好好爱你，我不想只懂得索取不知道回报。我真的想好好爱你，多陪伴你，让你感受到女儿的爱……对不起妈妈，原来我忽视了你那么久……

爸爸，我才知道其实我好自私，因为不喜欢听你总是抱怨妈妈或者责怪我，我从来没有花时间跟你聊天。可是我知道你是一个爱说话的人，也是最有情绪的人，但你所有的情感都因为我的逃离、妈妈的不解而憋在心里无处释放。今天，我开始好担心，你的内心是不是足够强大去消化自己的情绪，因为我和妈妈，你三分之一的时间都在强迫自己做一个有话不能说的人。爸爸，我不孝，因为我忽视了你对爱、对陪伴的需要……对不起爸爸，原来我忽视了你那么久……

这两天我才意识到，自己经常说努力工作不断地学习是为了攒钱让爸妈过舒适的生活，可是他们真的需要吗？他们也许仅仅需要我的陪伴，我的健康，我的快乐而不是更多的财富。我是多自私，给自己一个冠冕堂皇的借口而忽视了爸妈对女儿的爱。

爸爸、妈妈，我做了行动计划，以后工作日晚上的加班我尽量改在家里；每个月一定要找个周末陪你们吃饭、出去走走、一起聊天；每年一定会带你们出去旅游一两次。让我从 32 岁开始，回报你们对我的爱，真正尽到一个女儿该尽的责任。我的世界，真的不能没有你们，就像你们需要我一样……

真的感恩吴导，并感谢高妍团长把我对课堂的恐惧转变成了力量，穿越痛苦，活好每一个今天，不留遗憾！

爱的传承

珍惜 感恩

陈再励

南方医科大学第三附属医院 传统康复组组长

第 27 期 广州 LE 学员 第 32 期 广州 LE 助教

坦白说，参加"生命智慧"公益培训前，我并不确信这个课程的主题是关于生死，因为我不能相信在中国大陆，竟有人敢开展这样的课程，更不相信会有这么多人去参加。报名时我的想法很简单，只是因为它是"公益的"、"免费的"，而且还涉及"智慧"及"爱"。这对于我这个"囊中羞涩"的穷小子来说，还是很有吸引力的。

认识爱，选择爱

我对课程的期待是了解生死、反思生命。第一天课程刚开始，初步浏览了"生命智慧"的介绍后，我发现自己最感兴趣的是宣传片中关于死亡的体验。此前我了解过类似体验课程在国外已经开设，没想到今天可以在广州接触到，心中甚是窃喜。吴导当时给我的回应是：今天会让你震撼！期待……

关于死亡，确实没有太多的经历。感恩父母健在，姐姐和弟弟身体健康。虽然爷爷奶奶在我很小时就已离世，但我对这段记忆的印象不深，也没有太强烈的感觉。课堂中同学们的分享，令我收获了许多。虽然目前经济状况不算理想，但家人的健康已是我拥有的最大财富，我要珍惜，我要感恩。随着吴导的引导，课程步步深入，学员们积极性高涨，越来越投入课堂。同学们分享各自面对的人生难题，也帮我把这段时间一直纠结的问题深挖了出来：关于去向，关于与女友之间的关系。

有爱，有相信

与女友相恋已有 5 年，优秀、善良、懂事、理智、胸襟开阔的她一向对我体贴入微。一直以来，我都享受着她无条件的付出。毕业后，我们选择了异地工作，我留在广州从事针灸工作，因为这是我最大的兴趣所在，又可以快速有效地帮助病患缓解痛苦、治愈疾病，加之广州这座城市机会众多，只要肯努力，一定可以学到本事，日子也一定会慢慢好起来；女友则留在了家乡，多年的努力和沉淀已经帮助她在单位打下了坚实的基础，单位上为了特别奖励女友，将安排她在当地一家不错的医院做正式员工。异地恋无疑是艰苦的，只要我愿意，女友可以放弃这一切来广州，但我又开始犹豫，自己是否真要在这个城市奋斗终生？我心中渴望早日出人头地，返回家乡照顾父母。一通陈述之后，吴导对我的状态进行了精辟的总结——"纠结男"。

然而，吴导并没有直接给我答案，只是让我继续体验。直到我体验到她的离去……刚开始我还欺骗自己：就算生活中没有了她，还可以重新选择，甚至终于可以逃出目前这个纠结的漩涡，对我来说应该是一种解脱。然而，那一瞬间，我发现自己早已泪流满面，几近崩溃。仿佛她真的躺在那里，一动不动，一个多年深爱着我，为我默默付出，无条件陪伴我、支持我的好女孩。除了不舍，更多的是愧疚。这种种情绪强烈撞击着我，似乎也震醒了我一直纠结的心。我要的不就是这样的一个伴侣吗？互相支持，一起成长，愿意跟着我一个穷小子一起创造未来，她，就是这个人。而我，不想因此被束缚，不愿负起责任，让她一个人默默承受着异地恋这份煎熬。不知道哭了多久，终于，我心中无比清明，一切有了答案。不管有没有明天，不论接下来的路会是怎样，我选择有她在我身边。

真的没有想到，一直深深困扰着我的问题，会是以这种形式给出解答。珍惜当下所拥有的，人和物；感恩，我还有机会及时做出正确的选择。

🦋 相信爱，传播爱

"爱·相信"是个很纯粹的平台：没有商业的气息，只有爱的气息，这是我喜欢这里的原因。

2014 年 9 月 20—21 日，我有幸加入广州第 32 期"生命智慧"助教团，带着我的亲弟弟，以另一种身份体验这个课程。受益匪浅，感受颇深！

这次，我跳出了局限自己的生命困惑，学会更理性地看待各种问题。对于"不要当课堂英雄"，"悲观的积极主义者"，"行为抑或心态上的改变需要分清"等新概念也有了进一层体会。所谓孝顺，是尊重父母的意愿，而非将自认为好的强加给他们；所谓珍惜，是活在当下，爱护自己，也善待他人，感受每一次的呼吸；所谓感恩，是接力爱，更是传递爱！助人先助己，知行合一，从心出发，真诚开放，认清自我，革新自我。

先后经历学员与助教两种角色，不同身份带来不同的体验。为同伴的勇敢鼓掌，为学员的坦诚欣慰，更为他们一点点的进步而开心。

这是一份神圣的事业，是一种伟大的传播，也是一种难得罕见又大胆的教育，因为吴导的坚持，也因为广大爱心人士的支持，这份公益活动得以延续。诚邀更多的人参与其中，让爱传递，让生命影响生命，也让更多的人从中受益！

后记 ｜ "生命智慧"与"爱·相信"

　　"爱·相信"非牟利组织致力于包括"生命智慧"公益课程在内的共六种公益项目。其宗旨为"感悟生命，与爱同行"，致力于维护个人生命价值的存在，促进自我生命的接受，勇于承担，帮助别人欣赏和尊重生命，活出精彩、无怨、有尊严的人生。

　　"生命智慧"公益课程正是基于以上的信念形成，为人们传递"爱"的希望，发挥生命影响生命的力量。

　　吴咏怡企业教练自2010年起，每年在中国开办至少6次"生命智慧"公益课程。截止2014年9月21日，"生命智慧"公益课程已经在中国举办32场。其课程目的包括令参与者积极面对生死，倡议善生，明白生命意义，完满人生；使其有能力帮助自己或者他人面对病痛、临终、死亡以及丧亲之痛。透过体验式的活动和分享，"生命智慧"公益课程引导学员认知死亡、正视生命中无法预知的变化；认知末期病患、长者、以及家人的需要，学会关怀与帮助；回顾过去，正视人生，规划人生为善终做准备。

　　"生命智慧"公益课程对社会人士开放，欢迎渴望对生命有全面和深入思考，关注个人成长的人士；希望有能力陪伴身边人面对病痛、临终、死亡及丧亲经历的人士；以及有意成为"爱·相信"志愿者的人士。

　　"生命智慧"公益课程的助教群分布于全国各个城市。他们热心公益事业，乐于助人；他们都曾参与过"爱·相信"项目的系列活动，同时也是"生命智慧"公益课程的毕业学员；他们不掺杂念，认真严肃对待学员、支持"生命影响生命"的价值观，带给学员正向的能量。他们用自己对生命的感悟和行动在课堂上、生活中传播爱的种子，让更多学员感受到生命的意义。使爱的传递更深远、更广阔。

"爱·相信"，我们从未止步。

🦋 关于"爱·相信"

"爱·相信"非牟利组织由亚洲大师级教练吴咏怡女士，通过自身的影响力、号召力发起创建，于 2014 年 1 月正式成立。"爱·相信"是一个致力于维护个人生命价值的存在、促进自我生命的接受、勇于承担、帮助他人欣赏和尊重生命，活出"精彩、无怨、有尊严人生"的非牟利性组织。"爱·相信"的受助对象是所有社会公众，特别关注长期或末期病患及其家属、年长者以及家属、丧亲人士等。

"爱·相信"主要由"生命智慧"、"爱的写真"、"爱的电影"、"爱的同行"、"爱的回归"、"生命教练"六个公益项目组成。其活动已经在深圳、北京、上海、杭州、温州、广州、成都和海宁等多个城市成功开展。

"爱的写真"的主旨是通过重寻人生的意义与价值，为生命留下美好的印证。2012 年 7 月，"爱的写真"为海宁老人举办了人物摄影活动，通过镜头记录下这些饱经风霜的老人们。2014 年 8 月，"爱的写真"正式启动。

"爱的电影"是通过欣赏电影、分享观影感受的方式，去感受生命的变化和价值，宣传生命教育理念、感恩生命、珍惜当下。

"爱的同行"则是通过公益平台，发动社会各界关注弱小社群，走入社群与实务同行，为需要帮助的社群提供实际的支持和鼓励，使受助者重获对于生命的自信，让更多人感受到爱与关怀的力量。

"爱的回归"是以赤脚行走的方式，回归童真，寻找生命的意义。我们希望人们在奔忙的生活与工作间隙，能停一下脚步，跟"爱的回归"一起赤脚站在这片土地上，让它感受你的存在。也让这来自脚底的能量，唤醒你去重新感受生命的意义。

　　"生命教练"于2014年3月初步启动，项目主要分为"爱的教练"和"爱的学员"两个主体。以自愿互助、信义为先、知行合一为原则。爱的教练对已通过"爱·相信"系列活动，对生命及人生有所感悟的学员，给予爱的同行、爱的陪伴、爱的教练服务，帮助其健康地过渡，开展积极的人生。而"爱的教练"本人则在陪伴中感悟生命，丰盈教练技术。

　　"爱·相信"，我们在继续。

图书在版编目(CIP)数据

对话生命:让来去之间的生命更精彩/吴咏怡编著. —武汉:武汉大学出版社,2015.4 (2018.11 重印)

ISBN 978-7-307-13746-2

Ⅰ.对… Ⅱ.吴… Ⅲ.人生哲学—通俗读物 Ⅳ.B821-49

中国版本图书馆 CIP 数据核字(2015)第 007057 号

责任编辑:郭 静 责任校对:汪欣怡 版式设计:马 佳

出版发行:**武汉大学出版社** (430072 武昌 珞珈山)
（电子邮件:cbs22@ whu. edu. cn 网址:www. wdp. com. cn）
印刷:武汉中科兴业印务有限公司
开本:720×1000 1/16 印张:14.75 字数:248 千字 插页:2
版次:2015 年 4 月第 1 版 2018 年 11 月第 3 次印刷
ISBN 978-7-307-13746-2 定价:36.00 元